THE IMAGINEERING WORKOUT

EXERCISES TO SHAPE YOUR CREATIVE MUSCLES

101堂迪士尼创意课

智能时代，你必须成为有创意的人

迪士尼幻想工程师（The Disney Imagineers） 著

周博文 魏宁 译

北京大学出版社
PEKING UNIVERSITY PRESS

著作权合同登记 图字：01-2016-1259

图书在版编目 (CIP) 数据

101 堂迪士尼创意课：智能时代，你必须成为有创意的人 / 迪士尼幻想工程师著；魏宁，周博文译 . —北京：北京大学出版社，2019. 7

ISBN 978-7-301-27108-7

Ⅰ . ① 1… Ⅱ . ① 迪… ② 魏… ③ 周… Ⅲ . ① 想象力—通俗读物 Ⅳ . ① B842.4-49

中国版本图书馆 CIP 数据核字 (2016) 第 099446 号

书　　名 101 堂迪士尼创意课：智能时代，你必须成为有创意的人
101 TANG DISHINI CHUANGYI KE:ZHINENG SHIDAI, NI BIXU CHENGWEI YOU CHUANGYI DE REN

著作责任者 迪士尼幻想工程师 著　魏　宁　周博文 译

责 任 编 辑 刘秀芹　旷书文

标 准 书 号 ISBN 978-7-301-27108-7

出 版 发 行 北京大学出版社

地　　址 北京市海淀区成府路 205 号　100871

网　　址 http://www.pup.cn　　新浪微博：@ 北京大学出版社

电 子 信 箱 sdyy_2005@ 126. com

电　　话 邮购部 010-62752015　发行部 010-62750672　编辑部 021-62071998

印 刷 者 北京尚唐印刷包装有限公司

经 销 者 新华书店

787 毫米 ×980 毫米　16 开　10.25 印张　188 千字

2019 年 7 月第 1 版　2019 年 7 月第 1 次印刷

定　　价 49.00 元

目　录

技巧

千锤百炼

坚持到底

强化训练

为何选择本书

乔迪·雷文森
迪士尼出版部，编辑

我们会去健身房，通过各种锻炼方式来强壮身体，雕塑线条，
那为什么不通过创意练习来锻炼我们的想象力呢?

大部分幻想工程都始于故事，我的也不例外。那天我去参加一次神奇的游船之旅，带了一个色彩鲜艳的纸海马（一种纸质立体模型——译者注）回来。家里盥洗室的装潢走的是“海底世界”风，海马正好可以加入这个大家庭。我打算把纸海马挂在角落里，却发现天花板是纸质吊顶，没法钉挂钩。一番尝试过后，我呆呆地盯着那几堵墙（还有天花板上被我钻出来的几个洞），心中懊恼不已。肯定有办法把海马挂起来的，我心里盘算着：谁能完成这样的事呢，也许我可以向他们学习。转念一想，我正好认识这样的人呀，他们每天都在工程项目上完成种种创意之举。所以我问自己：如果是幻想工程师，他会怎么做?

我们之前出版了《幻想工程师创意术》(*The Imagineering Way*)，讲的是幻想工程文化中的核心内容。读完这本书后，我的第一个想法是，这是行得通的。然后我问自己希望达成怎样的结果，答案是把海马挂在那个房间里。但是我又觉得自己在瞎想，毕竟我不是幻想工程师。我的思绪天马行空，想到午饭吃什么，又想到是不是该洗衣服了，把挂海马这件事忘得一干二净。

我深吸一口气，强迫自己再次集中精力。怎样才能把海马挂起来呢？需要什么工具？去哪儿能找到这些工具？过了一会，我在墙上又凿出几个洞，终于想出一个办法来——用钓鱼线把海马吊起来挂在墙角上。

在挂海马的时候，我想起新学的一道菜，打算过几天做给家里人尝尝，然后想到了给新客户做的演示报告。这样的想法可能算不上典型的创意之举，但也算有创意。创意无外乎关于选择、训练、试验、灵感、过往经历、投入程度和趣味性。从艺术家到商务精英、教师乃至厨师，每一份工作都需要想象力和执行力。不管你在做什么，你都是有创意的。

大部分人都会定期运动以维持身材，或者起码在同学聚会之前抱佛脚锻炼一下。那我们为什么不定期锻炼自己的创意思维呢?

进行创意练习，我们不需要买运动服，不会大汗淋漓（除非你希望练到出汗），而且随时随地都可以练习。创意练习所需的设备不占地方也不费钱，通常只需要一支笔、一把剪刀、一叠纸，还有一点时间。根据自己的需求（比如准备即将到来的演示报告）或者计划（比如决定要翻修房子），你可以设计出属于自己的练习项目。

我认为幻想工程师是最佳的创意“私教”，因为他们每天都要应对创意上的挑战。与他们共事后，当我发现需要完成创意性与实用性兼具的任务时，自己就会“像幻想工程师一样思考”。这就是我想做这本书的缘由。我不用“想象”幻想工程师是怎样思考的，我可以学会他们的方法，从而学习他们的创意技巧。

如同人体结构一样，创意也有自己的“肌肉群”。书里有不同的练习，每个练习都有其针对性。读第一遍时，有些练习可能看起来是重复的，但实际上是互不相同的，它们包含的方法不一样。书中看起来相似的想法其实是来自迪士尼非常多元化的同事。他们根据自己独特的经历、接受的训练和教育、思考和沟通的风格，得出了这些想法。因此相似的想法也有不同之处。有的练习可以解决特定的问题，而有的练习应用范围更广。有的练习也许看起来和你的需求风马牛不相及，但哪天机会忽然降临在你面前时，这些练习也许能给你带来灵感，助你抓住机遇。

任何复杂的新项目都不容易实施。但一旦练成创意思维，你会知道万事皆有可能——哪怕是想把纸海马挂在纸糊的天花板上。

找到创意的平衡点

本书使用指南

佩吉·范·佩尔特

作者，画家，本书编辑

本书是为了有兴趣锻炼创意思维的读者而设计的，由一百多位幻想工程师通力合作而成。本书集合了他们的集体智慧与实践，每一篇文章都包含他们的独特想法。也就是说，本书收集了他们的练习、笔记、便笺、草稿、日记和插图，这些素材记录了幻想工程师的创作思维过程及习惯，他们每天使用这些练习来让自己的创意思维保持在最佳状态。

如何使用本书，完全由你决定！倘若你刚开始探索自己的创意想法，那最好从“热身运动”“开始训练”这几个入门章节着手，然后再往后看。如果在创意思维上你已经小有成就，那就把本书当作一个创意项目来好好研读。不管你采用哪种阅读方式，重要的是把所做的练习按照自己的需求进行改编。根据自己的天赋、能力和技巧来使用练习：扭着来，旋转着来，甚至重新设计练习（幻想工程师们就是这么干的！）。切记，所有的练习都是为了锻炼你的想象力。

如果想直接在书上写下你的感受、试验和结果，那就尽管去做。折书角、画横线、在喜欢的练习或至理名言还有插画上做记号，都可以。还要去尝试以前不熟悉的事情——尤其是你坚信不会成功的，以及你一点都不喜欢做的事情。如果有的练习没什么效果，就不断改变练习方式，直到有效果为止。带着积极的好奇心去质疑每一件事。让你的想象力自由翱翔——想象力是由你的兴趣和热忱引导的。

把这本书变成你自己的书。从书中汲取灵感，在生活、工作中实现自己的创意之举。欢迎你根据自己的需求来改编书中的练习。你的目标是，锻炼自己的创意思维并使之保持在最佳状态，随时随地根据要求迸发创意火花。

你可以在书中任何地方写写画画！

你可以给书中所有插画随意上色！

幻想工程练习

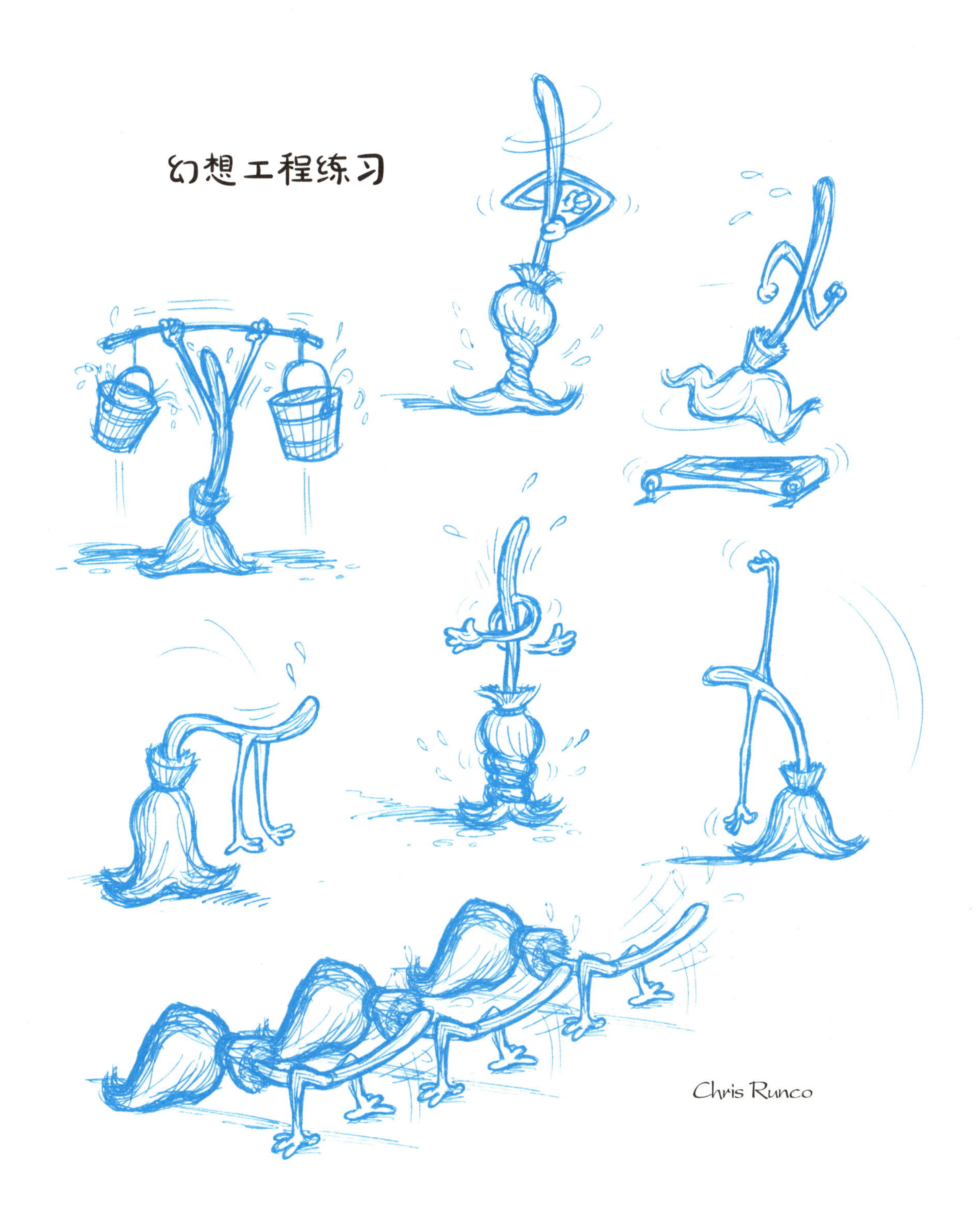

“可以，如果……”

马蒂·A. 斯克拉
华特迪士尼幻想工程，副主席及首席创意执行官

似乎每个礼拜都有一本关于创意的新书面世。

必须承认，这样的书我一本都没有读过。为什么？因为我怀疑它们大部分通篇都是理论内容，没有实践基础。

我的同事，同时也是2004年迪士尼传奇奖获得者鲍勃·格尔（Bob Gurr，初代迪士尼乐园单轨电车、驰车天地赛车及小镇大街古董车的设计者）有一句关于创意的名言：“实践总能出成绩，因为它无理论可依。”看来他很听我们大老板华特·迪士尼的话，因为华特说过：“想要开始行动，最佳办法就是废话少说，立刻去做！”

华特·迪士尼先生一直都是乐观主义者。他相信未来——只要我们着眼于人们的需求，把先进的科技和一流的创新点子结合起来解决新旧难题，未来就会更美好。不过要认清一点，勇敢创新并不代表一定成功。

我的朋友哈里森·普赖斯（Harrison Price）牵头写了关于乐园经济可行性及乐园选址的研究报告。这份报告对迪士尼乐园和华特迪士尼世界的发展给予了极大帮助。哈里森在向华特先生分析乐园项目和汇报研究成果时，提出了“可以，如果……”（Yes, if...）方法。他在自己的著作《数说华特革命》里说过，“‘可以，如果……’是成事者的语言。万事皆有可能，而这句话点明了要化可能之事为可行之事需要做些什么。华特先生喜欢这套语言。‘不行，因为……’是败事者的借口，‘可以，如果……’是成事者的诀窍。创意人才都乐于说‘可以，如果……’”。

踏进办公室，映入眼帘的是华特·迪士尼的这句话：“如果一个人知道了梦想成真的秘诀，我不相信世界上还有他无法攀登的高峰。这个秘诀可以总结为四个词：好奇、自信、勇气、坚持。其中最重要的是自信。当你相信一件事情的时候，要一直相信下去。相信自己拥有成事的能力。努力工作，做到最好。”

作为幻想工程师，我们习惯每天都迎接新的挑战，习惯把下一张空白的纸当作一个全新的释放想象力的机会。我们热爱探索和尝试新事物。在为全球所有迪士尼乐园和度假区——从加州到佛罗里达，从巴黎到东京，现在则是香港——设计新项目的时候，我们都牢记着华特先生的那四个词。至于怎样开始行动，我们想分享他的一句话：“废话少说，立刻去做！”

创意没有现成的公式。而这本书有着许多实用（有时是巧妙）的创意练习，帮助你开展下一段创意冒险之旅。我们希望借此发散你的思维，鼓励你想出新的点子和办法。

这些练习可以帮助你和其他读者“跳出条条框框”来进行思考吗？我相信会的，因为创意人才会制定自己的框架，而且学会在工作中游走于框架内外，发挥想象力去完成项目。另外，创意人才乐于说“可以，如果……”！

讲故事，画故事

汤姆·菲茨杰拉德
高级创意执行官，执行副总裁

讲故事起源于什么？

讲故事也许是最古老的沟通方式，以至于约翰·亨奇（John Hench，迪士尼创意开发部高级副总裁，1990 年迪士尼传奇奖获得者）常常说讲故事是“存在于我们的基因里的”。在人类的生存繁衍中，讲故事起了十分关键的作用。有了它，资讯、知识和价值观才得以一代代传承下去。通过故事，我们在孩童时期学会了辨是非、明善恶、懂奖惩，了解了社会价值观。不管是先天本能还是后天习得，我们都喜欢听故事和讲故事。故事总能吸引我们，不管多大年纪，谁不喜欢听个好故事呢？好故事魅力无穷！

故事板有什么作用？

在早期制作动画电影的时候，华特先生创造出“故事板”（story boards）这个工具。简单来说，故事板就是用一连串的图画来说明故事情节的起伏与衔接。有了故事板，华特先生和画家们可以在拍摄电影之前充分展望其中的情节与镜头，制作团队对于故事的起承转合有了共同的认知。故事板不仅仅推动了故事内容的创意开发，而且成本低廉，华特先生可以在开机拍摄之前用故事板尝试不同的电影情节。

首次执导真人电影时，华特先生继续使用故事板来提前设想整个故事。在华特迪士尼幻想工程里，我们承继了这个传统。在为世界各地的迪士尼主题乐园设计游乐设施、娱乐演出和电影时，我们常常使用故事板。从头脑风暴会议开始，我们把各种笔记卡片和草稿图样钉在墙上，捕捉创作过程中的每一个想法、念头、图像和感觉。我们把故事板过了一遍又一遍，以保证故事内容足够强大，情节脉络足够清晰。这时候我们才会进录音棚，才会开始制作实物模型和进行三维动画建模。

在幻想工程这里，我们所做的一切都是围绕着故事，而故事板是必不可少的工具。有了想法后，将其化为图画或者词语写在卡片上，再钉在墙上，一个故事板就诞生了。在挖掘创意和故事的过程中，你会写下更多的卡片，不断重复这个过程。

THE ART OF
Story
Boards
MYSTERY
SPOTS
FAIRY
TALES
Enchanted
Places

做梦与做事

凯文·拉弗蒂
高级概念编剧兼导演

全力以赴应对创意挑战，正是华特迪士尼幻想工程的精神与灵魂。

从 1952 年起，幻想工程师的工作就是将异想天开的梦想和方案转化成现实，为世界各地的迪士尼主题乐园设计充满魔力的游乐设施、娱乐演出和大小景点。这一切都是始于某个点子所产生的微小却又强大的火花。只要这个火花被点燃，只要我们开始问自己“如果这样，将会怎样”，魔术就会诞生！

每个人都能做梦。但幻想工程师不仅做梦，也做事。你也可以！如果你带着无限热情和积极思维去迎接创意挑战，神奇的事情就会发生。幻想工程这里每天都有神奇的事情发生，因为我们不是只坐在那里琢磨这件事能不能做成，而是撸起袖子，着手工作！

我们渴望全方面多角度地讲述一个故事，这决定了我们的工作方式。一旦创作出强有力的主题或者故事，我们会将其当作“设计挂钩”，可以把整个设计往上挂。一个点子处于孕育过程中时，故事本身会告诉我们要做什么。举个例子，非迪士尼的游乐设施工程师会设计一个普通的自由落体类型的游乐项目。而同样的项目，换成迪士尼幻想工程的游乐设施工程师，他们的设计会充满故事性，这个游乐项目会变成 1939 年前后位于好莱坞的闹鬼酒店里破旧不堪、嘎吱作响的载货电梯。这就是突破平庸，成就非凡！

主题和故事会对你的点子有所帮助吗？答案是肯定的。比方说你想办一场特别的派对，那你应该先去商店里选些普通的小礼物和装饰品，对吗？错了！试着换个方向思考，想一个主题。比如说，把派对主题定为“水下世界”。有了这个主题，选择是不是一下子就多了起来？现在请全力准备你的派对吧，因为“水下世界”主题将会告诉你要做什么。以强有力的主题或者故事作为引导，你的许多想法都能成为现实。

而我们的故事当初是这样开始的——为了打造主题公园这一行业，华特·迪士尼先生让他的电影制作人来好好讲讲对于讲故事和做电影的了解。华特先生有种神奇的能力，可以看出别人不自知的创意天赋。举个例子，他在工作室的图书室里看过好几次特效动画师布莱恩·吉布森（Blaine Gibson）的雕塑作品。后来，布莱恩和马克·戴维斯（Marc Davis）在迪士尼乐园的加勒比海盗项目上进行合作，于是华特先生邀请布莱恩担任幻想工程的首席雕塑师。你在迪士尼乐园看到的所有鬼怪、海盗和总统，都是出自他的手笔。又有一次，华特先生慧眼识出工作室五级画家阿滕西奥（Atencio）拥有讲故事的天赋，便邀其来幻想工程做娱乐演出编剧，而阿滕西奥当时正在构思一个名为“加勒比海盗”的新点子。他从来没有作为专业编剧写过东西，更别提写歌词了，但正是他写出了《呦吼，呦吼（我的海盗生活）》（*Yo Ho, Yo Ho (A Pirate's Life for me)*）一歌。

类似的故事数不胜数，刚才不过列举一二。只有着手去做，幻想工程师才意识到自己的真实能力。作家雷伊·布拉德伯里（Ray Bradbury）曾经来幻想工程做演讲，有人提问：“要做什么准备才能成为作家？”雷伊回答道：“写，写，不断写！”你可以整天闲坐着，瞎琢磨自己的点子或创意项目，但害怕迈出实践的第一步只会让你一事无成。别害怕，动手去做你的项目吧！

幻想工程师勇于尝试，不惧失败，不断挑战，直到成功。因为我们想出的点子通常都过于独特，前所未有，所以我们有时候不知道自己在做什么，不知道将走向何方，除非我们动手去做。我们开始去做了。这才是最重要的。

现在是该你开始的时候了！

大步向前走，全力以赴应对创意挑战。让那小小的火花来点燃你的创意和热忱。不管你的梦想和方案是什么——无论是办主题派对、写诗、还是第一次学着雕塑——要想梦想成真，不能呆呆地坐着。做梦，也要做事！

灵感的小小火花
可以带领我们
登上创意新高峰！

你的创意执照

伯尼·莫舍

华特迪士尼幻想工程佛罗里达分部，创意开发服务部总监

1990年的时候，我住在法国，是巴黎迪士尼乐园边疆世界（Frontierland）的项目工程师。芭芭拉·怀特曼（Barbara Wightman）是我的项目搭档，负责室内设计，“创意执照”这个想法便是源自于她。

与芭芭拉一起工作时，我常常称赞她极具天赋和创意。出于礼尚往来，芭芭拉会称赞我也有创新的想法。但我总觉得自己配不上她的称赞，我说：“我只是个工程师，不像你那么有创意。”有一天我们正在聊天，芭芭拉停下来，拿出一张纸，写了几个字：“你很有创意”。然后描绘花边装饰，最后画了一个印章，完成了一张正式的“创意执照”。

这个简单的举动让我意识到我俩表达想法的方式十分不同。项目工程和解决问题都需要想象力，需要跳脱条条框框来思考的能力。我好好保管着芭芭拉给我画的创意执照，提醒自己创新不仅仅局限于绘画、音乐或者文学这样的艺术作品，创意是我们每个人的一部分。

我们之前为本书进行头脑风暴时，我给大家讲了这个故事，我说芭芭拉的创意证书对我意义重大。整个团队很喜欢证书这个想法。在美术设计师安德烈·格雷皮(Andre Greppi)和杰夫·莫里斯（Jeff Morris）的帮助下，我们以芭芭拉的创意证书为灵感，创作出全新的证书。

现在轮到你了——只要填上名字和日期，你的创意也获得了官方认证！

创意执照由以下人员共同设计：

安德烈·格雷皮，三级视觉艺术专家

杰夫·莫里斯，高级首席平面设计师

华特迪士尼幻想工程佛罗里达分部

CONGRATULATIONS
Creative
LICENSE
本执照证明
荣获“创意人才”称号
你能够进行创造性的思考，
并运用独特创新的方式来解决问题。
日期
凭此执照，
你可大胆尝试，
勇敢创新！
SEAL OF CREATIVITY

热身运动

艺术并非与理性或思维能力绝缘。相反，它充满了理性思考。只不过激发艺术的不是思考。怎么解释好呢？打个比方，艺术家好比是火车，经验和逻辑组成了轨道，而推动火车不断前行的，是艺术家充沛的情感和无穷的想象。

——史蒂夫·库克
创意开发部
高级员工助理

关于创造力，不要想太多，不要去担心你的杯子是半满还是半空……放胆去做，倒干杯子，充分利用里面的每一滴水吧。

——杰森·格兰特
创意开发部
平面设计师

我的办公室里挂满了艺术作品，我通过它们寻找灵感。看着偶像们的作品，我暗暗思学：“如果是梵高、克林姆特、安迪·沃霍尔或者塔马约，他会怎么做？”

——菲蒂西亚·G. 勒勒维耶
创意开发部
娱乐演出高级制作人

天赋

丹·迪龙

华特迪士尼幻想工程佛罗里达分部，首席平面设计师

你是不是认为创意不过是个虚幻的梦想，只有少数人能够实现？

人人都有天赋——创创力是与生俱来的！

事实上，人人都有天赋。比如小孩牙牙学语，毫不费力，这样的证据比比皆是。从幼时说出第一个字，到掌握说故事和沟通的艺术，都说明我们具备创创力。小孩第一次用蜡笔在墙上乱涂乱画留下的涂鸦，这绝对是艺术作品，对吧？这样的涂鸦，尽管看上去更像是令人眼花缭乱的毛团，但也证明了人拥有画画的天赋。

天赋不仅仅是绘画、作曲或者雕塑的能力——它是关于可能性的。充满创意的大脑永远都在工作。要不要把创意表达出来，只是你的一个选择。

> 试做下面这个简单的练习：
>
> 拿一支铅笔和一张白纸。
>
> 在纸上画一个方框，这是扇窗户，你可以透过它看问题。
>
> 在窗户上面写下“不可能”。
>
> 然后，擦掉“不”。

透过这扇窗户，让你的思绪发散出去。

一个全新的世界在等待着你的创造性思维和天赋。现在，作出你的选择。把精力集中在你与生俱来的能力上，把事情做成。再也没有借口。摆脱掉以往的束缚。

天赋就在你心里。好好展现，好好享受！

灵感

约翰·卡韦林
东京迪士尼度假区，设计与制作部总监

灵感来自生活中的点点滴滴。

英语中“灵感”（inspire）一词的原意是“汲取，通过呼吸注入活力”。我们说“我得到了灵感”时，这个词的意思远比我们以为的要深远。我们“汲取”着生活周遭的点子、激情与能量，创作过程也就随之发生。

受过的培训、做过的调研、自己的生活经历还有别人的作品，这些都是我们进行创作时的灵感来源。进行团队合作时，团队中每个人的往事与经历、接受过的教育和培训，以及来自前辈与导师们的指导，都能给予我们灵感。在工作中，我向那些在创意上对我有着深远影响的人寻求帮助与灵感。这些人当中有艺术家也有非艺术家，他们的作品都穿越历史，流传于世。

> 选一个创意挑战——可以是绘画、发明或者是写作。然后列一个名单，写下那些可以激发你的创作灵感的创意大师的名字，比如乔治亚·欧姬芙（Georgia O'Keeffe，美国著名女画家——译者注）、爱因斯坦或者海明威。从名单中选择一位或者几位大师，细细思考他们的独特天赋，深入调查他们的工作与作品，让他们给你的思维和想象注入全新的活力。现在，释放你的想象力，尝试不同的方法，寻找属于自己的答案吧！

我曾接受委派，给纽约贾维茨会展中心（Jacob Javits Convention Center）设计一个极大的舞台布景以及配套观众座位。这是一个在创意上很有挑战性的任务，而我使用了刚才的方法来完成这个任务。我先后尝试了 19 套方案，但都并不满意。这时我的姐姐建议我从自己仰慕的人身上去寻找灵感。我极力思索，寻找着那些创意与风格经受住时间考验的大师，那些可以帮助我应对这次挑战的大师。最后，弗兰克·劳埃德·赖特（Frank Lloyd Wright，美国设计师——译者注）跳进我的脑海。我进入深度冥想，认真揣摩他的天赋，然后着手研究他的作品。没过几天，我就想出了一套全新的方案来解决这个设计难题。

当我们的灵感受到激发时，内心深处的点子就会破茧而出，纷纷涌现。

激情

迈克尔·G. 肯尼迪
华特迪士尼幻想工程佛罗里达分部，资深演出设计师

如果你被美妙的音乐打动，如果你被动人的照片感染，如果你因一场感人至深的舞蹈而潸然泪下，那你就找到了打开创作大门的钥匙——激情。

用是或否回答以下问题，以判断你的激情所在和创意类型。

艺术与摄影

当创作自己的作品或者欣赏别人的作品时，你是否感受到强烈的情感?

图像是否能够给你留下深刻的记忆?

你是否渴望去捕捉或者创作看到过的图像?

音乐

当听到喜欢的音乐时，你是否会被打动?

当你被打动时，脑海中是否会回忆起或者慢慢浮现出画面?

你认为音乐对于人类来说是否有价值?

舞蹈

你是否喜欢跳舞或者观赏舞蹈表演?

你是否觉得自己肢体协调，动作灵活?

你是否意识到自身的肢体语言?

食物

你是否喜欢品尝食物?

烹饪时，你是否喜欢尝试搭配不同的调料和食物?

是否有某种特定的味道让你想起往日时光?

写作

你是否会给你关心的人写信，或者是给自己写信（比如写日记）?

你是否喜欢阅读?

你是否曾出于个人原因去背诵诗歌或者文章段落?

装饰

一场奢华的视觉盛宴是否会激发你的灵感?

你是否愿意给家里或者公司增添更多的装饰?

节日到来之前用饰品装点房间，营造气氛，你是否有种强烈的成就感?

设计与手工艺品

你是否珍惜或者愿意去创作手工艺品?

手工艺品的触感是否让你想起童年时光?

你是否对建筑或者某件家具有着特殊的情感?

对以上问题只要你回答了一个“是”，那你就拥有创作的激情!释放激情，重要的是让它找到你!时机一到，激情就会涌现，你会感到一种强烈地想要表达创意的欲望。

设定目标

戴夫·克劳福德

娱乐演出 / 骑乘设施工程部，机械总工程师

创作之前设定目标，创作期间修正目标，这样可以更好地完成项目。

必须要确保预期目标以及完成目标的所有先决条件都是切实可行的。回答下列问题，可以帮助你更好地设定方向，制订目标。

这个项目最基础、最起码的要求是什么？

完成目标或者设定方向都有哪些先决条件？这些条件是否正确无误、可以实现？

需要制订哪些长期及短期目标？

哪些人需要熟知目标要求？

要问什么样的问题？

是否有可以随时阐明或者修正目标的方法？

你能从制订目标中学习到什么？

我在一个项目上认识到这个练习的重要性。这个项目是为基于虚拟现实技术的 3D 视频游戏开发一个简单的基于动作的平台。我们的要求是使用主执行器，以极高的频率来晃动平台。问及项目目标时，我发现设计师使用执行器来振动运动基座底板，是为了模拟出巨蛇在地板下面爬行时鳞片摩擦地板的效果。于是项目目标就从“安装高频响应执行器”变成“模拟巨蛇在地板下爬行的效果”，这解放了大家的思维，我们想出了各种既切实可行又省钱省时的方案。

定好目标可以帮助你保持在既定轨道上。长短期目标相结合，你可以把握项目预期的最终结果以及怎样实现这个结果。关键是要保证目标既可以激发你的灵感，又不会耽误你的创作历程。

你从毛毛虫身上看不到破茧成蝶的任何迹象。

——巴克敏斯特·富勒
美国著名建筑师和发明家

开始训练

不可匆忙画眼下之物。
经年方可落笔。
—— 中国古谚

请勿涂写！

这里也是！

那些依然好奇的成年人都懂得不要“在乎”别人怎么想。或者说，他们的赤子之心让好奇心得以保存。

——凯蒂·罗瑟

华特迪士尼幻想工程佛罗里达分部

道具/布景设计师

创造性指的是生活中的方方面面，不仅包括你做什么，也包括你怎么做，还包括你是怎么看待这个世界的。

——Mk海利

图像与效果部

技术资源经理

对于设计师个人来说，什么事情至关重要？那就是选择你的行动、决定要做什么！我要不要思考、要不要创作、要不要工作、要不要斗争、要不要被这一切吓到？今天的“要不要”在哪呢？

——保罗·凯·康斯托克

景观建筑部

景观设计总监

要用自身的需求来衡量成功，从而制订可以实现的目标。

要清楚对自己和对项目来说，成功的定义是什么。然后根据这个定义判断目标是否可行，是否可以帮助你实现目标？

——戴夫·米尼基耶洛

华特迪士尼幻想工程佛罗里达分部

首席概念设计师

成功开始的秘诀

杰森·苏雷尔
华特迪士尼幻想工程佛罗里达分部，剧作家

电影《欢乐满人间》里仙女玛丽也是这么说的：“好的开始是成功的一半。”

无论你想做什么，从叠衣服，到给家里的房子加盖一个房间，到写一本全美国最好的小说（这几年的话应该是写全美国最棒的电影剧本），都要像华特·迪士尼先生所说的那样“立刻去做”。有时候，在有机会去思考之前就得开始去做。

你用不着去喜欢所做的事情。只要着手去做，你就克服了万事开头之难，开始进入工作状态。

打算叠衣服的时候，卷好第一双袜子；计划加盖房间时，在墙上钻出第一个洞；筹备传世佳作时，在电脑里敲下第一个句子。一旦动手去做，创造力就会源源不绝地涌出。完成任务不过是时间早晚的问题。

开始是否完美并不重要；重要的是开始去做，然后不断完善。

随时随地都能开始

尼尔·恩格尔
创意开发部，资深首席演出制作设计师

要迈出第一步，那就想想你感兴趣的事情。

合上双眼，开始想象：热带鱼、过山车、岩石构造、宇宙起源、历史事件、英雄人物、骇人听闻的事情。选择其中一个。

画面拉近：仔细盯着你的选择。和自己聊聊，“如果这样，那会怎样。”抛开所有界限，探索无限可能。

检视，休息，重新检视：用现有的知识来帮助你。如果你选择的是热带鱼，可以去哪里学习、探索、发现、参与其中，甚至成为一条鱼儿？如果你想出愚蠢的甚至是不可能实现的点子，也要花点时间好好琢磨，创造条件将其实现。让你的想象力喷涌而出。很多时候，荒谬的事情往往是激发灵感和振奋人心的事情。

给想象力之炉添加柴火：用画面来激发你的灵感。把杂志上的插图剪下来；带上相机出门远足；拍摄有意思的照片，不管那是否和你的点子有关系。如果选择了热带鱼，不光要拍海洋生物，也要拍广告牌、汽车、飞机、宠物用品店，要拍所有关于鱼儿的事情。

把所有图片混合后重新排列，看看能不能讲述一个故事。如果这张照片不适合，不要放弃，换个角度试试。比方说，没人会把热带鱼与广告牌联系在一起。但是，如果一条养在宠物店鱼缸里的孤零零的热带鱼，透过窗户看到并爱上了广告牌上鱼的照片，那会怎样？你是否看到一个有趣的故事正在慢慢成形？

永远都要记着加点“魔法”。想象的世界里没有任何规则。万有引力消失不见，鱼儿可以口吐人言。从感兴趣的事情出发，随心所欲地发挥你的想象力，这就是魔法所在。

踏上旅程，向写作出发

迈克尔·斯普劳特
概念开发部，资深概念作家

我是一名作家。你知道我的工作里最困难的部分是什么吗？是写作。

通常来说，最困难的地方在于想出要写什么。是构思一个全新的故事，还是要把旧故事写出新意，或者是写一个看起来有新意的旧故事？

假如你是我。你在开一个会议。会议上大家在讨论，你想认真听，但却忍不住去看袖子上那个松掉的纽扣。时间过得很快，突然有人问你："能不能在下周四之前把东西写出来？"

"可以。"你说道。

你为什么说"可以"？因为这是步骤一。

步骤一：说"可以"。无惧任何新的挑战，起码看起来要无所畏惧。有人说过这么一句话：无人无所不知。我忘了是谁，好像是著名编剧威廉·戈德曼（曾获奥斯卡最佳原创剧本奖及最佳改编剧本奖——译者注），不然就是哲学大家苏格拉底。但他俩都没承认过这件事，所以你最好别挑事。静静拿好任务，回到工位坐下。

步骤二：陷入惊慌。这是在创作过程中十分关键的一步。每个人的脑子里都潜伏着大量负能量，现在是时候释放出来了。

"我不知道自己在做什么。""我在干吗呢？""我谁也没骗。""我就应该去做个铺地毯工人的。"

感觉好点了吗？你要是遇到一个一丁点负能量都没有的人，转身就逃吧。

步骤三：去图书馆。简单来说，你应该尽可能多地收集关于写作主题的资料。之前我接到个任务，要给主题公园开发一个关于电视的景点。我就去看了很多电视节目，翻了很多附有电视节目插图的书，采访了很多电视迷。

这个步骤就是要用各种资料把你的脑子填满，让你没精力想其他东西。查阅资料，大量阅读；放宽思路，发散思维；兴之所至，跟随你心；包罗万象，不设限制。当你觉得脑子再也装不下东西了，就停下来。下一步就该做些有趣的事情了。

步骤四：东游西逛。想做什么都可以：去看电影，和搞笑的人一起玩，做一顿有趣却会让妈妈大皱眉头的晚饭，等等。目的是分散自己的注意力，因为当你分心时，大脑里有意识的那部分——即努力工作的那部分——会高速运转。

这时候你千万不要刻意地去思考写作概念。切记不要。这么做就好比用嘴去咬新鲜生蚝，不但咬不到，生蚝还会滑落到旁人腿上。越刻意去想，脑中的想法会逃得越远。

步骤五：睡个好觉。东游西逛完了以后通常都要睡个好觉。不过也说不准，有时候你可能废寝忘食，跳过了这个步骤。

步骤六：顺其自然。这个步骤有点棘手。如果之前看了足够多的事实数据、意见看法和其他有用没用的信息，那几乎可以肯定，你的脑子里将会进行一个神秘的思考过程。

那时候，负责项目的副总裁说："我们需要出一个关于电视的表演节目。这工作正合你的胃口，你看看能怎么做。"

我回答说："可以。"然后回到办公室，坐了下来，把脑袋埋进双膝间，使劲去想副总裁说的胃口是什么，要怎么才能完成。

然后一天晚上，我在家里最小的那个房间里（你知道是哪个房间）待着。灵光忽然闪现，我觉得必须把这个点子记下来。但是手边只有双层的卫生卷纸，我只好让妻子拿一沓纸进来。只消几分钟，我提笔疾速写下了一个好点子，下次开会时可以向副总裁交差了。当然，后续工作得由一大群富有天赋和创造力的同事来负责。他们根据这个点子来制订计划，执行方案。不过我的工作总算完成了。

步骤七：随时备好写作工具。白纸、铅笔、彩笔、电脑，都可以。如果实在找不到工具了，煤块可作笔，铲背可作纸，发挥你的创意。一天 24 小时，你都需要用到纸和笔，不光清醒时需要，在香甜美梦中也需要。你常常会在睡梦中灵感涌现，有一股创作的冲动。永远不要错过这么珍贵的时刻，一旦有了点子，马上起床写下来。这些时刻是大脑送给你的礼物，绝不能错过。它们就像清晨的点点白霜，随时会融化不见。你必须把灵感记录下来，向大脑证明你是认真看待这件事的，否则来自大脑的馈赠会越来越少。

以上就是所有步骤。每做一个项目，你都要重复以上步骤。但每一次过程都不一样，每一次都可能有点吓人。

从问题开始

戴夫·克劳福德
娱乐演出/骑乘设施工程部，机械总工程师

从提问开始，来看看是否有发挥创意的机会。

开始创作之前，先问这几个问题：对于一件事，怎么样做？为什么做？有没有其他方式来做？回答这些问题，可以探索创意的种种可能性。

如果一份工作是要求员工完成指定的任务，那工作的内容多半是重复的。回答上面的问题，可以得到更具体的信息，更清楚地了解任务要求。假如有一份工作要求你想出一种方法，让人可以跳到 15 米高的地方，那这份工作就是去探索各种可能性。多问问怎样、为何、是否有其他方式，将会开启创意思维之门。

发挥想象力，要跳 15 米高都有哪些办法。先不要考虑费用和时间，甚至不要考虑物理规则。让你的思绪飞扬：从超大的弹簧床到使用液体燃料的喷气飞行背包，都可以。跟随自己的好奇心，问问自己：怎么做？为什么这样做？有没有其他的办法？想出越多的方案越好，而且都要写下来。

越是不切实际的方案，越是可以激发你的灵感，让你以从没想过的角度去思考问题的答案。

处理问题

凯西·曼格姆

执行制作人 / 副总裁

不管挑战大或小，我们的处理流程都是一样的。我们进行批判性思考，从问最基本的问题着手，推敲每一个前提条件。

在做项目之前，我会回顾一下要问的问题。这个内在的思维过程可以帮助我决定项目要以怎样的形式展开，需要怎样的团队来执行。

> 定义或者描述这个创意挑战。找到需要回答的问题，并列出清单。从最重要的问题开始：我正在解决哪个难题？我在为谁解决？我希望得到怎样的成果？哪些人最适合与我共事？接着再列出这次挑战的具体问题。然后与其他人一起检查这个问题清单，查漏补缺。最后推敲每一个前提条件是否可行。当所有的问题都得到解答，所有的前提条件都得到落实，那你就作好了解决难题的准备。

举个例子，幻想工程师将会对佛罗里达州华特迪士尼世界的一个景点进行全面翻新，加入全新的故事情节。在进一步开发点子时，我们需要不断对前提条件进行推敲质疑。新的故事情节是否适合这个景点？现有的技术可以实现这个点子吗？通过什么方式可以更好地讲述这个故事——电影？特效？发声机械动画木偶？还是三者兼用？

这个过程就好比拿着一张带有横线的纸，或者是虚点连线游戏。只要一步步解决这些问题，你就会对整个项目了如指掌。明白挑战的具体要求，了解需要回答的问题，可以让工作更有成效！

你想变得富有创造力?

查克・巴柳
创意开发部，资深概念设计师

想要变得富有创造力，除了要坚信自己能做到，还要接受从零开始发展自己的天赋和技能。要乐在其中。如果创意变成一件苦差事，你会放弃的。

使用你能买得起的最好的材料，但是要毫不吝惜地使用。

犯很多错误。不断去作徒劳无功的尝试。白纸画满，铅笔用尽，颜料挤完，画笔写秃，胶水倒干，连洗笔的水也要用得一干二净——用尽你需要的一切东西。

学习技巧。你需要 360 度全面地理解所从事的行业。报班上课，读书学习，与业内前辈倾谈，仔细观察与分析已有的案例。

开阔眼界。有创造力的人懂得好好欣赏整个世界。观察万物如何共存，可以激发他们的创意灵感。

不要为难自己。不要再因为做讨厌的事而责备自己。你在学习。你所崇拜的充满创造力的人在才华闪耀之前，也经过了大量的学习尝试和无数次的失败。

分享成果。将你的工作和身边的人分享。你会惊讶于自己受到的鼓励。大部分人都希望变得有创意，却觉得自己做不到。向他们展示，要想成功只需要付出努力，享受乐趣，还有坚定自信。

做你想做的。做你感兴趣的事。唯一的规则就是你选择去遵守的规则。所有的伟人都是自己制定规则，你为什么不呢?

作为一名画家，我用画家的方式来表达创意。如果你也想成为画家，不妨再做两件事。

学习透视法。这个技巧通过使用消失点与地平线来增加图画的纵深感。它会帮助你画得更写实。你可以通过上课或者看书来学习这个技巧。

画任何东西。随时随地将身边的东西画下来。当你画一样东西的时候，你的大脑会记住将来要怎样画它。

流程练习

苏·布莱恩
创意开发部，资深演出制作人

优秀的概念不仅仅取决于灵感的迸发，更依赖良好的流程操控。

了解设计的流程，清楚现在团队的工作以及点子的执行处于什么阶段，是娱乐演出制作人工作的一部分。点子的诞生来源于灵感的乍现，而操控整个流程可以保证团队不浪费精力，朝着既定目标前进。

1. **动起来**。抛出各种各样的点子。在欢乐的氛围中，不同的点子往往可以带来思路。

2. **兴奋起来**。进行头脑风暴，做白日梦，让思绪飞起来。注意点子是怎样形成的，什么地方最酷，将其揉进设计里。

3. **作出承诺**。定下固定的项目开会时间，并按时开会。开会时大家可以畅所欲言，讨论想法，如果毫无头绪那就一起坐着干瞪眼。不管怎样，点子都会想出来的。

4. **准备一些点心，比如甜甜圈和小饼干**。有吃的有玩的，头脑风暴会议可以进行得更顺畅。

5. **把门敞开，欢迎不同声音**。多听听别人的意见，看看怎样可以改进设计。

6. **向未知挑战**。自我增压，去探索超出自身现有能力范围的难题。

7. **困步不前**。假如遭遇挫折，把它告诉更多的人，然后退一步，思考其他可能。

8. **迎面而上**。尝试不同的思路，想出不可能实现的解决办法。讨论错误的答案可以帮助找到正确的答案。

9. **做点体力劳动**。动手做个大致的模型，或者组织一场读书会。相比起讨论，你在这样的活动里能学到更多，尤其是在动手修理东西的时候。

10. **寻求反馈**。向别人展示你的想法，听听别人怎么说。注意忠言逆耳，尤其要听自己不爱听的意见。

11. **记下一切**。把学到的和听到的都写下来，把目标要求写清楚，把设计细节记录下来。如果写的时候十分有把握，十有八九你已经想出了一个绝妙的点子。

如果团队的每一位成员在整个流程中都自由自在，好点子自然会破壳而出。

制订目标

巴里·布雷弗曼
创意开发部，高级副总裁

制订目标，即作出关乎项目成功与否的选择。

诸如给孩子策划生日派对这样的经典设计项目，涉及种种务实的因素，如艺术创作或创意发挥的时机，以及费用和时间上的限制。作项目计划时，确定目标是一项很重要的练习。

列一个清单，写下项目的所有目标。把想实现的目标都写下来，按照重要程度排序，把关乎项目成功关键的目标标注星号，突出其重要性。

选择最重要的目标，将其分解为一系列子目标，然后再将子目标拆分。把目标拆解两到三次后，你便得到了创意概念的大致梗概。从这里入手对最终方案进行描述，哪怕方案还没有明确地定下来。

譬如，鲍比的生日派对的目标可能是：

1. 让鲍比和他的朋友们觉得这个派对非常棒，前所未有地棒。
2. 我希望和别人共同策划主持这个派对，这样我也可以乐在其中。
3. 让鲍比的妹妹黛比感觉融入其中，但又不能让鲍比觉得尴尬。

第一个目标其实很宽泛，拆分成子目标可以更好地实现它。下列子目标可以让鲍比觉得这次派对是史上最棒的。

a. 让朋友们给这次派对“点赞”。

b. 他最在意的人都来参加派对。

c. 他收到了一直盼望的礼物——最新的视频游戏机。

通过把抽象目标拆分成具体子目标，活动的创意策划开始慢慢成形。朋友们如何评价这次派对，是决定鲍比满意与否的关键因素，因而会影响派对主题的选择。十三岁的小孩现在都在玩些什么？玩滑板吗？如果是滑板，鲍比家附近有没有滑板公园？需要注意什么安全事项？所有宾客都会参加吗？从目标和子目标出发，我们可以从不同的方案中作出选择。

通过确定目标与优先排序，可以把宝贵的时间和精力投入到项目的策划阶段，保证顺利完成。

从结果着手倒序工作，可以提前掌握经验教训，避免在项目过程中间发生麻烦。

从后果推想前因这个方法不仅仅局限于法律事务。这个方法对任何事情来说都很重要，而且经过调整可以适用于任何项目。

确定遇到的问题后，思考如何能最大限度地把问题缩小，避免给项目带来负面影响，并采取必要的预防措施。这些措施包括签订合同（我就是这么做的）、雇用专业人员、改变使用的材料以及调整计划。

列出项目情理之内可能发生的结果，选择最符合需求的结果，然后把所有可能会带来延误、造成不便或使其未能达到预期效果的事情写下来。

比方说，不管怎样仔细地规划施工项目，实际施工时难免会发生变化。在合同里增加处理变化的机制可以解决这个问题，从而降低发生纠纷的概率——这就是预防性法律条款。

来幻想工程之前，我的工作是帮助客户在法庭上解决合同纠纷。这是很宝贵的经历，因为我很快就学到，最棘手、最积怨的纠纷往往是在这样的情况下发生的——即各方都没有考虑到事情不按计划进展时所造成的不良后果。优秀的合同起草人都精通如何草拟预防性法律条款。

现在，我在幻想工程从事法律工作，而这份工作对创意和事前考虑有着很高要求。所以我总是从想要的结果开始，从后往前地工作。

在作日常决定之前预测可能产生的结果，不仅能减少麻烦，还可以帮助避免带来重大灾难。

彼得·斯坦曼

副总裁兼法律总顾问

从结束开始

打造创意玩具箱

玛吉·埃利奥特
创意开发行政部，退休高级副总裁
现任：全职艺术家，社区艺术开发者

创意玩具箱可以促进思考，锻炼创意思维。

为了给玩具箱添置新的玩具，你会去购物。如果你喜欢购物，我会推荐几个新地方。如果你讨厌购物，太好了！这个练习会带你走出舒适区，用富有挑战性的方式来激发你的灵感。

三二一，开始购物！

第一家店是你的个人思维探索博物馆。花些时间回答以下问题，然后把答案放进玩具箱里。

我的目标是什么？

我的目的是什么？

我怎么定义自己？

我的个人道德标准是什么？

下一家是学习商店（Learning Shop）。在这里，你通过与人互动来掌握技巧。你的冒险之旅即将开始……

图像型技巧更适合我（即我对图像更敏感）吗？

文字型技巧更适合我（即我对文字更敏感）吗？

例如：要去一个陌生的地方，看地图和看指路的文字，哪种方式更适合自己？

别人对我说话，我是否能认真倾听并记在心上？

听到关键词时，我是否会作出回应？

又如：英语里很多单词都是多义词，你是否能辨别别人想要表达的意思？还有，对于同一个单词我们会有不同的定义，你的定义是否和别人一致呢？

我是否真心尊重其他的解决问题的方法？

如果必须作出选择，我会不会选择采纳别人的建议？

我是否尊重团队成员的个性？

我是否善于沟通？

我倾向于以下何者？一，与人相处交流，会让我获得创作的能量；二，我需要通过独处来积攒创作的能量。

回答完这些问题，你可以获得新的创意玩具。多好玩!

现在这家店是风格经销商。我要选用什么样的风格来讲故事? 故事可以一板一眼地讲，也可以使用修辞手法。你会用下面的方法来写 / 讲故事吗? 请选择属于自己的风格，祝玩得开心。

传统手法：如同新闻报道一般平铺直叙。

主观印象：使用提示，加深印象。

表现主义：描述感受与情感，引起共鸣。

抽象派：偏好理论，多采用抽象概念来进行描述。

基本风格选定之后，你会添加什么个人特色呢?

多愁善感。富有争议。智力超群。心有城府。喜形于色。风趣幽默。

实验主义。有表现力。敢闯敢拼。被动消极。情绪多变。

回答以上问题，你又得到新的玩具。看看你的玩具箱装满了吗? 分享一个诀窍：你的心有多大，玩具箱就能有多大。这样你可以一直往里放新的玩具。

现在我们来到研究中心寻找以下物品。看看你能否找到，并把它们应用在你的项目上。

找一架望远镜，看得更远，超越极限。

买一副放大镜，研究细节。

确定自己的舒适区，然后走出来。

不要回避去做什么事。这才是要回避的事。

多想想“它”。“它”指的是你对项目的贡献。

写一些关于“它”的事。从多个角度检视“它”——从上到下，从里到外。评论“它”。

最后一站是超越极限商店。在这里，你可以买到各种神奇的玩意儿。

许可证：允许你突破自我，去想象难以想象之事。

位置卡：告诉你去哪里寻找适合自己的讲故事手法。

新的技巧：关于倾听、打造和增强沟通能力的技巧。

尊重之心：尊重不同想法、不同个人和不同解决方案的差异之处。

新的地方：认识更多的购物胜地。

把玩具从箱子里拿出来，玩一个创意游戏吧。每一个玩具都会让你发现创作过程的不同方面，让你找到表达自己创意的多种方法。这就是创意游戏的目标所在。

进入点子天地

小小一盘曲奇里面藏着无穷点子。

开车上班时忽然灵感涌动？那就把车里的音乐关掉，好好酝酿新点子。让大脑静静思考，想出一流的点子和解决难题的方法。把大脑思考的音量调高，细细倾听，探索点子。这就是你脑海里演奏的美妙旋律！

——杰森·格兰特
创意开发部
平面设计师

万事俱备时，张开双臂，点子自然会向我们走来。

当点子在我们的想象力中慢慢显露出身影时，我们能识别出来。但是，对于新鲜独特的点子而言，需要在脑子里负责逻辑判断的部分处理其他任务时，它们才能够浮现。这就是为什么我们在开车、运动或者做梦时会灵光乍现。

简单来说，我们早上开车上班时一流的点子会突然钻出来，原因是这时候我们心情舒畅，没有压力。

那应该怎么做呢？在上班之前，先理清当天的工作任务。接着告诉自己，你整个人都很放松，充满了创造力，随时可以寻找问题的解决方法。然后打开车门，坐上驾驶座，发动车子，专心开车去上班。放下期待和羁绊，让大脑里的创意随意挥洒，寻找完美的方案。

——加里·兰德勒姆
华特迪士尼幻想工程佛罗里达分部
娱乐演出品牌部
娱乐演出联合制作人

充满创造力的你

雅顿·阿什利
环境设计与工程部，高级主要布景装潢师

创意就存在于我们每天所作的选择和决定里。

早上醒来一睁眼，我们就需要作具有创意的决定：早饭吃什么，今天穿什么。

每一天都要作出无数个决定，比如给家里或者办公室选择什么风格的装潢，听哪一首歌，看哪一本书，等等。我们决定开什么车，也是创造性自我（creative self，指人格中具有创造性的成分，它可以促使个体自由选择适合的生活风格和追求目标——译者注）的一种反映，揭示了我们是如何思考、感受及解决问题的。要想进一步认识自己的内在创意，不妨做一块个人故事板来讲述自己的创意故事。

准备物品： 剪刀、胶水、胶带、便笺卡片、图钉、一块大的软木板或者一本笔记本（尺寸大于A4纸）、书写工具。

先拿出软木板，没地方挂板子的话就用笔记本。把报刊里吸引你的和你喜欢的照片、图画、想法和点子剪下来，分门别类地贴在板子上。用不同的颜色和材料来进行标注和装饰。别忘了写笔记和画草图。至于文字材料，则要应有尽有：音乐、诗歌、名人名言，等等。材料和图片越丰富，越能定义你的创造性自我和激发你的创造力。

做好故事板后，把它放在每天都能看到的地方，从中获取灵感。

你的个人故事板永远不会结束。
随着自己不断学习、成长和发生改变，你随时都可以进行修改编辑——删去不再感兴趣的内容，添上新的经历和想法。

创意需要用到你懂得的所有东西，而且需要你匠心独运。
——苹珊·戴恩

发散思维，寻找点子

托德·卡米尔

游玩机械系统部，机械工程师

在寻找好点子吗？其实好点子就藏在现有的点子里，躲在老旧的点子中，潜伏在狂野荒唐的点子里面，等待你的发现。

寻找新点子就好比想钓到那条行踪飘忽的大鱼。把鱼钩随便扔在跟前的水潭里，期待鱼儿自己上钩，这样的做法是行不通的。你应该高高举起鱼竿，用力把鱼钩甩出去，甩到更远更深更浑的水里，再慢慢收杆。寻找新点子也是同样的道理。新点子不会自己找上门，你需要发散思维，将它甩得远远的，甭管是否合理可行。

仔细思考目前的创作挑战，发散思维进行头脑风暴，想出一个天马行空的解决办法，然后增加细节，扩充概念。

考虑一下实际情况，慢慢把这个天马行空的点子收回来。思考怎样一步步完成点子。

哪部分易于实现？哪部分难以企及？哪部分行之有效？

回归到现实里，你还剩些什么？

继续进行头脑风暴，从不同的角度来检视这个点子，增加点子的可行性。

看看都有什么收获。找出新颖独特而又切实可行的点子，专注其中。这些点子有自己的生命力，它们等着你来发现。

解放固有思维，探索未知可能，找到一流的可行方案。

做事不怕尴尬丢脸，想法不怕稀奇古怪。

——Mk海利

思考时杂乱无序也是有好处的，那就是不断会有振奋人心的发现。

——AA.米尔恩

懂的越多，能力越大。

——卢克·梅兰德

素描本

伊桑·里德

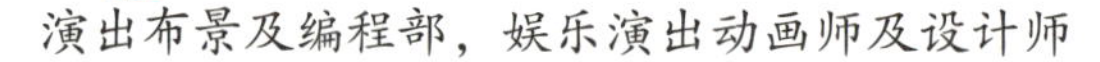
演出布景及编程部，娱乐演出动画师及设计师

为了更好地让大脑观察所有人和事，最好随身携带素描本。

自从进了学校学习动画制作，我开始随身携带素描本。我去到哪里都带着它。我画下身边的人，揣摩他们的肢体语言和走路方式，还有在当下环境里的行为举止。我在观察中学习，并记录所学所思。

你可能觉得只有画家才会随身携带素描本，其实不然。带素描本的目的是培养观察能力，所以不在乎你是简单几笔勾勒轮廓，还是认真写实注重细节。对工程师、音乐家、作家、律师和艺术家来说，素描都是十分重要的创作训练。对你而言也是如此。

买一本大小适中、方便携带的素描本，把你看到的、听到的精彩瞬间都画下来。不管绘画水平如何，都要画在本子上。如果觉得自己真的不会画画，那就用相机把你感兴趣的东西都拍下来，并写下感想。使用相机拍照时要尊重别人的隐私，给别人拍照前要获得允许。（不过拍风景就无所谓了，它们很乐于出镜。）

有了素描本，你再也不用在餐巾纸上画画啦。

点子日记本

比尔·韦斯特
演出布景/游乐设施工程部，科学（计算）系统部，资深软件工程师

如果比起画画来你更喜欢写字，那就写日记吧。

点子日记本就是文字版的素描本。日记本记录了你的所闻所想，你可以泛泛而谈，也可以娓娓道来。有了它，你不会错过任何绝妙的点子。

> 记事本、便利贴、掌上电脑和录音笔都可以用作日记本，根据自己的需要来选择购买。记住不管去到哪里，你要随身携带日记本。如果你经常在洗澡时灵感大发，那不妨考虑买个防水的日记本。
>
> 把日记本当作一种资源，定期检查你写下的种种想法、记录的不同场景及其他信息。问问自己：我是怎么使用日记本的？我想把什么东西用文字记录下来，让它成为脑海中永恒的记忆？我可以把日记本中的哪个点子扩展成为一个故事，或者发展成工作或家庭的一个项目？

要记住，脑子的念头稍纵即逝，所以想到点子时必须要写下来。有些想法可能会在脑海中逗留一阵子，让你可以细细琢磨。但大部分都如同闪电般一闪而过，必须在当下就记录下来。

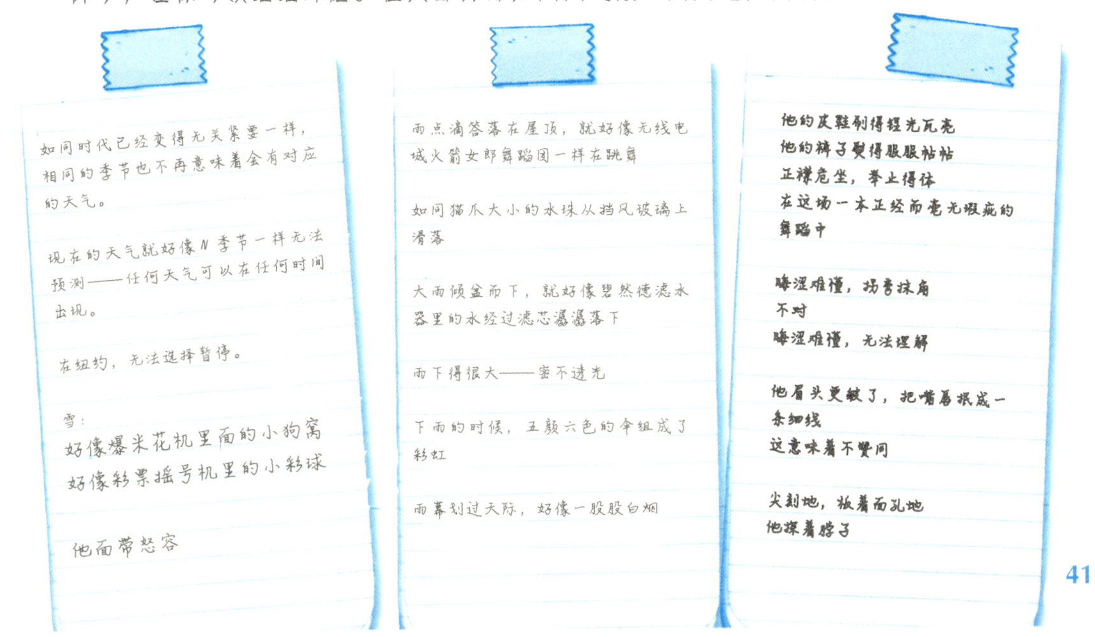

实现创意所需的技能

史蒂夫·川村
通信部，经理

仅仅想出精彩绝伦的点子是不够的，能否实现得看你的能力。可见创意与技能，缺一不可。

拥有创意不代表具备实现它的技能，而这样的技能常常遭到大家的忽视。幻想工程师不仅负责创意的构思，为了将创意付诸实践，他们也需要保持高水平的专业技术能力。

找出你用来表达创意的能力与技巧。先画一个三列的表格。第一列写下你的创作天赋，比如你总能想出好主意，或者你擅长进行发展性的多维度的思考。

第二列记录你用来表达创意的技能或者天赋，如写作、绘画、音乐等。

第三列写下你以后实现未来目标所需要的能力和技巧。规划一下怎样习得这些能力，然后开始学习！你的未来将由自己开创。

为了实现创意，必须掌握相匹配的技能，这对于表达想法十分重要。在将创意转化为现实这个过程中，幻想工程师必须准确清晰地表达他们的创意，这样才能顺利交出接力棒，把工作交给下家。表达想法时，画家绘画，建筑师和工程师编程，开发商起草施工方案，金融分析师使用电子数据表，电影制作人使用编辑程序将精妙的概念转化成物理形式，从而可以进行复制、运输、分享和商讨。所有的工作都要求一流的技能，这样创意才能够表达。

掌握了工作要求的专业技能（比如绘画、计算机编程和建模），你就能够清除障碍，让灵感迸发，让头脑飞转。

点子日记

马歇尔·门罗

想象力顾问，前创意总监

写点子日记，既可锻炼你的概念思维能力，又能展示讲故事与创作过程二者之间的联系。

先准备一张白纸，一支笔和一沓便笺卡片。在白纸中间画一个圆，把项目名称写在里面。白纸顶端写上“**现在的情况 / 观察**”几个字。在圆圈边上画一些向外辐射的线条，末端写上项目的特征和遇到的挑战。目光要敏锐，要实话实说。思考时里外都要顾及，尽量多样化。

找一张更大的纸或者一块大的软木板，最好是找到一面空墙。拿出一张卡片，写上“**期望的结果 / 展望**”，用图钉把它钉在最顶端。在剩余卡片上面写创意的预期成果，包括希望获得的奖励、荣誉和做到的成绩。再把这些卡片钉上去。

接着找一些杂志和产品目录，并准备一把剪刀和一大支胶棒。把杂志上描述了你想做到的事的图片和文章片段剪下来，混合搭配，相似的图片排在一起，再粘到纸上或墙上。别忘了再用文字描述一下。这样你就给手头的项目创造出一个世界。

准备工作完成后，要开始写点子日记了。开头可以这样写：“亲爱的点子日记”或者“船长日志：日期……”。随你喜欢，怎样的开头都可以。然后想象一个来自异国他乡的人，他思想纯粹而开明，却不小心闯入了你创造的新世界。从这个人的角度出发，写下你的故事。在日记里描述新世界里的所有事情，写下你的所见所闻。

写完日记后，读给别人听——你的伴侣、朋友、同事和团队成员。收到他们的反馈后，在日记本里写下更多的想法，进行思考，并粘上相关的图片。你期待怎样的结果，就加上怎样的图片。通过自己的日记和记录的图片，你会知道实现点子都需要什么信息。

点子是将来会成为现实的信息。

故事则是记录和回忆这些信息的最佳办法。

如何让“脑中喋喋不休的小人儿”安静下来

伯尼·莫舍

华特迪士尼幻想工程佛罗里达分部，创意开发服务部，总监

要想让“脑中喋喋不休的小人儿”安静下来，以便听到内心的想法和别人的意见，请学着聆听外界的声音。

“脑中喋喋不休的小人儿”指的是我们内心不停碎碎念的声音。有时候这些碎碎念会过于喧哗，充斥着我们的内心，影响我们倾听其他声音。如果脑中一直唠叨着负面消极的想法，我们难免会担心自己无法控制的事情，又或者会钻牛角尖，陷入死循环中无法自拔。“脑中喋喋不休的小人儿”会使我们把注意力都放到内心的声音上。倾听外界的声音能让这个“小人儿”安静下来，让我们得以听到自己的想法和别人要说的话。

> 安静坐好。细细聆听周围的所有声音，包括平常我们忽视的声音，比如吊灯滋滋的电流声、空调嗡嗡的工作声还有自己的呼吸声。认真聆听，不要思考。慢慢地屏蔽脑海中的对话，把注意力放在耳朵上，去细听周遭的声音。

这个练习可以帮助你在聆听他人声音时让“脑中喋喋不休的小人儿”安静下来。对我来说，它还可以调节我的工作状态。紧张忙碌的工作之后，它能让我舒缓压力。开会进行头脑风暴或做其他激烈脑力活动之前，它能帮我集中精力。

越集中精力聆听周遭声音，听到的“脑中碎碎念”就会越少。

为了点子去倾听

布拉德利·斯诺
终端客户计算机支持信息服务部，资深职员

为别人的创作需求提供帮助，通过聆听了解他们遇到的挑战。

倾听是一种艺术，也是一门学科，有着自身的基本原理。其中最重要的一点是别人讲话时要认真倾听，一定不能插话。讲话结束后你可以问一大堆问题，但在这之前不应该打断别人讲话。别人把话说完之前，勿妄下判断。

要想出点子，需要有足够多的可用信息。通过聆听，我们可以收集信息，解决问题。收集的信息越多，想出的点子就越多。

帮助别人更有效、更经济地完成工作——要带着这个目的去聆听。帮助别人时，分析什么是马上能用的，什么是即将要派上用场的。判断谁能够扩展点子，能看到预期成果，并知道如何实现这个成果。然后，采取行动。

我为了点子去倾听，因为我想帮助幻想工程师去做他们擅长的事情，因为倾听能给我带来技术创新。有了点子，我可以贡献自己的力量，给宾客带来欢乐。这是我成为幻想工程师的初心。

为了点子去倾听，你必将收获点子。

我之前不知道它能做到那样！

——约翰·多尔克，图像与效果部经理

认真跑一次步或者简单散散步，都可以清除心中杂念，放宽胸怀，准备接受新的想法。这就如同边跑步边做白日梦一样。运动要把握以下原则：

- 一个人运动。只有这样才能集中精力。
- 不要听音乐。听音乐会严重分散注意力，特别是你跟着音乐轻声哼起来的时候。
- 找到节奏，然后让大脑放松，自由漫想。
- 不用一直惦记着要思考的事。灵感可能会突然来袭，给你一个惊喜。
- 运动时没办法把点子写下来。所以要把点子或解决方法记在脑中。等到运动结束，汗也别擦了，赶紧把它写下来。

——戴夫·费舍尔
创意开发部
资深剧作家

坐车时很容易进入白日梦模式。不要浪费这个时间，用来思考自己的任务吧。

充分考虑每一件事。形成固定的思考模式：收集与任务相关的所有数据，进行全面评估，在脑海里用这些数据来做演示报告，并思考解决方法。（别忘了，一次解决一个问题。）

然后是最困难的一步：把思考的事情彻底放下。静静等待办法的出现。

——多丽丝·哈同·伍德沃德
前资深剧作家

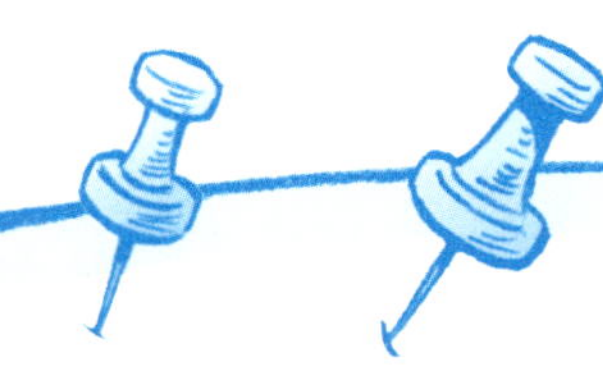

失眠是个让人十分困扰的问题，但这也是个好机会，可以用来构思点子或者继续白天未完成的工作。如果失眠了，不妨静静躺在床上，任由想象力天马行空，欢迎点子的到来。

半夜灵感迸发时，一般人都不会开灯，多半是摸黑写下点子。结果早上醒来发现本子上潦草地写着两三句话。那些精妙到可以拯救世界、畅销全球的点子最后成了本子上的“亾凬万冋刄亾丌仫丷苹”，多么可惜。如果请认字高手来解读这些句子，那他们应该会释读成“快去买个手电筒”。

——乔迪·雷文森

迪士尼出版部

编辑

晚上做梦有助于你在白天自信地表达点子。睡眠时大脑非常忙碌——做梦，思考，解决问题。

睡觉前提醒自己要更大胆创新地去对待点子。可以想一件你做不到的事，比如飞翔。半梦半醒时告诉自己“现在无所不能”；告诉自己，梦里没有恐惧，没有嘲笑，也没有地心引力的作用。进入梦乡后，慢慢观察周围环境。记着，你希望发生的事情在梦里都能成真。在梦里采取行动，实现愿望。醒来后，让这份成功的喜悦延续到白天的生活里。

有一次我梦见自己在跑步，突然很想飞起来。我对自己说：“你知道自己能做到，你会飞。”然后我就飞了起来！我飞在田野上，忽快忽慢，随心所欲。我看到围栏上有个洞，于是飞着钻了过去。这个梦十分自然，我觉得自己能一直飞下去。梦醒后，我自信心高涨，拥有前所未有的自信。那天我昂首阔步，工作时充满自信地表达自己的想法。

如果这项练习对你来说不适用，那试试睡前鼓励自己要更加勇敢无畏地表达想法。白天也要用同样的方式多多鼓励自己。

——苏珊·萨瓦拉

创意开发部

视频通信代表

组合点子

比尔·威尔科克斯

游乐设施机械系统部，首席工程师

想试试快速构思新点子的办法吗？从屡试不爽的旧点子着手吧。

把旧点子重新组合，可以产生新的想法，还可以对概念、故事和创新方案进行强化。进行头脑风暴时把不相关的点子组合起来，是行之有效的办法。下面介绍一个方法，可以快速地把看似无关的点子通过重新组合形成新点子。

在纸上画一个一列的表格，写上所有你感兴趣的想法，比如每家迪士尼主题公园的游乐设施项目。完成后把这个清单再抄写一份。接着把两份列表对齐后上下移动，看看能不能产生或新奇或合理或有用的组合。这样的组合可能是印第安纳·琼斯（Idiana Jones™）遇上了彼得·潘（Peter Pan）。选好组合后，开始探索组合二者间的关系。它们有什么共同之处？为什么如此流行？为什么之前没有把它们组在一起？

当然了，你也可以用电脑来进行排列组合。但是双手拿着两个列表来回滑动不是更有趣吗？

点子搅拌器

头脑风暴做些什么？

Mk 海利
图像与效果部，技术资源经理

什么是头脑风暴？

所谓头脑风暴，就是通过思想的碰撞以及无穷的变化来激发创意，解决难题，完成任务。

为了解决难题，我们进行头脑风暴，大家出谋划策，用一种故意杂乱无序的形式来讨论解决办法。头脑风暴看似无序的背后是天马行空的自由思考，创意在这种无序中得以肆意生长。

前期准备：

参加人员：3 到 12 个人，不论年纪大小或何种专业；要保证与会人员的多样性。

主持人：推动事件发展。

协助人：帮忙记录概念，把卡片钉到墙上，整理大家的想法。

工具：便笺卡片、马克笔、图钉。

场地要求：舒适，工具要摆在方便的地方供大家使用，有可以钉卡片的墙面。

规则：

没有坏点子：点子会相互启发，没有不好的点子。

尊重所有想法：期待不同想法带来不同的贡献。

分享不完美的点子：也许有人会因此受到启发。

记录每一个点子：即便有重复的点子，也要记下来，可能有更深含义。

愿意犯错。

设定时间限制：该结束的时候你自然会知道。

各就各位，预备，开始头脑风暴！

确定任务。是准备一个卖柠檬水的摊子（指小孩在家门口摆摊子卖柠檬水，体验工作生活——译者注），或者是找一份暑假兼职，或是不再想挤柠檬了？这时候先别去想解决办法。

描述问题。这是主持人的工作。

忙起来。说出任务的第一个词或者提出第一个问题，比如喊出“柠檬水！”这几个字。鼓励大家作出回应。用卡片来记录点子、情感、事件、地点、时间、记忆、技术、历史、业务等，并把它们连接起来。

收集点子。再花 20 分钟来收集点子。把记录了点子的卡片分门别类进行整理。这些点子有没有统一连贯的主题？有没有需要补充的地方？有的话，主持人要妥善处理。

往下走。头脑风暴是一个循环过程。抛出想法，进行学习，从学到的东西里继续抛出想法，继续学习，周而复始。

时间到！这时候墙上看起来一团糟：钉满了卡片，到处是潦草的字迹和胡乱的涂鸦，不过纷繁杂乱中却有着相互联系，看上去层次分明。

头脑风暴到此结束。这就结束了？办法在哪儿呢？办法就在这些相互联系中，在种种创新里。

头脑风暴只是 1% 的灵感。要将灵感化为现实，后续工作需要付出 99% 的汗水——进行研究，实施项目，建造施工，进行测试及安装。

只需要一个火花

朗达·康茨
迪士尼幻想工程佛罗里达分部，演出制作人

想点燃别人的创意，要先找到那个火花。

进行头脑风暴时，我发现自己会特别关注那些激发思维与能量的字词和图像。这些不是点子，而是点燃点子的火花。这就是我带领团队实现目标时体验到的创意时刻。

进行头脑风暴前，用各种方法让自己沉浸在主题事项里，然后开始问问题。举个例子，如果你打算策划一次主题家庭活动，那潜心去看与主题相关的书籍、电影和电视。关注那些对你来说有意义的故事、词语和图像。全心融入环境中：去活动举办地点看看，或者选一个类似的地方去看看，在那里想象一下活动举行时会发生什么，密切留意那些吸引你的细节。如果这个火花能点燃你的想法，那很有可能它也可以点燃别人的创意。

问问自己：什么会让我激动？是某种颜色，某种情感，还是某些物品？它也会让我的团队激动吗？什么让我开心？是喜爱的主题，有趣的故事情节，还是某个精彩的视觉效果？它也能让团队开心吗？请回答这些问题，寻找可以点燃别人创意的火花。如果你精力充沛，热情满满，肯定能找到它。

回想一下当别人用火花点燃你的创意时，你有怎样的感受。

当火花点燃你的创意时——嘭！——创意开始涌现。点燃创意和拥有创意同样重要。

什么会点燃我的创意？

什么会点燃别人的创意？

脱口而出

大卫·麦卡特尼
娱乐布景/游乐设施工程部，机械总工程师

进行头脑风暴时，做好准备工作有助于迎接点子的诞生。

最近我参加了一次头脑风暴会议，讨论的主题是给某个游乐设施的骑乘车辆增加一些设计。这个车子很小，内部没有用来隐藏复杂的机械装置的空间。此外，新增的设计必须和车辆主题一致。当时我们站在车前，盯着它却无从下手。项目主管过来鼓励我们，让我们不要过于纠结，只需要脱口而出表达想法。这给了我们灵感，没多久我们就想出了 25 种可行办法。

只要有可能，我都希望可以为头脑风暴会议作准备，用我的一套系统来捕捉想法。

准备物品：文件夹、纸、笔，还有一颗愿意捕捉想法的心。

拿出一个文件夹，把想到的点子都记下来放进去。

不要求有条理，只要求快速记下点子，以免忘记。不要合上文件夹，方便随时往里添东西。你可以经常浏览这些文件，尤其是进行头脑风暴之前。

这个文件夹在很多项目和工作上都帮了我大忙。文件夹里还有我为这本书写的一些内容。你永远不知道什么时候会有人过来请你出谋划策。

让荒谬的点子带路

克里斯·伦科
创意开发部，资深概念设计师

本文受前幻想工程师克雷格·威尔逊启发

进行头脑风暴时，最怪诞荒唐的想法往往可以帮助大家打破壁垒，走出困境，想出点子。这就是为什么“没有坏点子”这条规则十分重要。

哪怕是想出了荒谬至极或愚蠢透顶的点子，也不要扔掉。继续思考，可以把它当成热身，让思绪放松。然后我们进一步热身，寻找那些真正能行的点子。

> 列个清单，写下与项目有关的目标。一边观察每个目标，一边去想那些与项目一点关系都没有的事情，把它写在目标的旁边。举个例子，我之前参与了一个水上项目。当时我看着那艘船，想到了波尔卡舞；看着里面的大灰熊，我想到了唇膏；而看着里面优雅的橡树时，我想到了瑞典肉丸！懂我意思了吗？

让那些荒谬至极的点子来带路。

别着急忘记那些与项目无关的想法。可以反过来设计一些把二者联系起来的问题。比如：船上的马达声听起来像什么？大灰熊的毛是什么颜色的？风从肉丸中间吹过时，发出了什么声音？有把肉汁吹得溅起来吗？

用这些信息建立一个“项目—点子”场景。比如，设计水纹效果时我会想象：“在橡树下的阴凉处，水珠从叶子上滑落滴进水塘，就好像往池子里倒了一大碗的肉汁，发出了扑通扑通的声音，声音的节奏就像是一首波尔卡舞曲。”

荒谬的点子俨然开始带路了。

没有什么荒谬至极的点子，所有点子都值得思考。

你不能告诉艺术家什么时候要想出点子或者要想出几个点子。

——约翰·亨奇

怎样真正地想出点子……

乔治·斯克里布纳

主题乐园制造部，首席创意执行

第二天……

技巧

没有人想成为平庸之才。只有平庸的人，才会永远都做到最好。你必须失败，必须去冒险。

——扬·奥康纳
创意开发部
剧作家

找出一天中工作状态最佳的时刻。有的人晚上工作事半功倍；而有的人早上工作效率最高。

——斯科特·德雷克
创意开发部
资深概念设计师

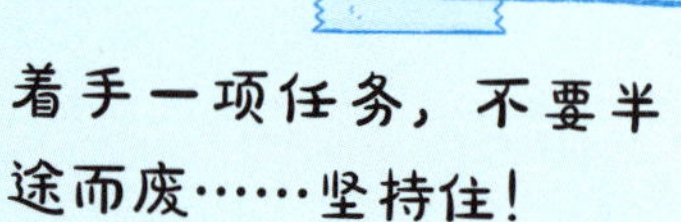

着手一项任务，不要半途而废……坚持住！

——马克·胡贝尔
华特迪士尼幻想工程研发部
技术员

好吧，它能有多难？让恐惧成为动力，而不是阻力。

——尼尔·恩格尔
创意开发部
演出布景设计师

TOYS

创意即学习

吉尼·加洛

创意开发部，信息研究中心，助理图书管理员

本文受露西亚·卡帕基奥内启发

如果觉得难应付和不自在，还觉得有几分难堪，那你很有可能是处于创作突破的边缘，或者是在学习新东西。

创作的快乐（还有其诅咒）就是让你成为终生的学习者。创作让你直面崭新的事物和未知的事情，会让你觉得难以应付，甚至让你沮丧。我们都对自己熟知的事情了如指掌，而创作对这种熟知和舒适发出了挑战。电脑软件进行了升级，采用了新的会计系统，公司管理发生了改变或者是执行一项新的任务，都会让我们立马回到初学者状态。这个状态里充满了创意灵感。在幻想工程里，我们需要保持这个状态，这样才可以在投身未知领域时保持思想的开放，让自己灵活变通，反应快捷。

怎么找到这种状态呢？可以尝试这个方法：先在纸上用惯用手写下全名，然后用另一只手再写一次。留意自己第一次是如何轻松地写下签名，而第二次签名费了多大功夫。用另一只手写字时，问问自己：感受如何（是沮丧、傻里傻气，还是好玩）？花了多长时间写完？需要全神贯注吗？这个过程和学习或者创作有何异同之处？

当你需要回想学习者状态或者用全新视角看待问题时，做一下这个练习吧。

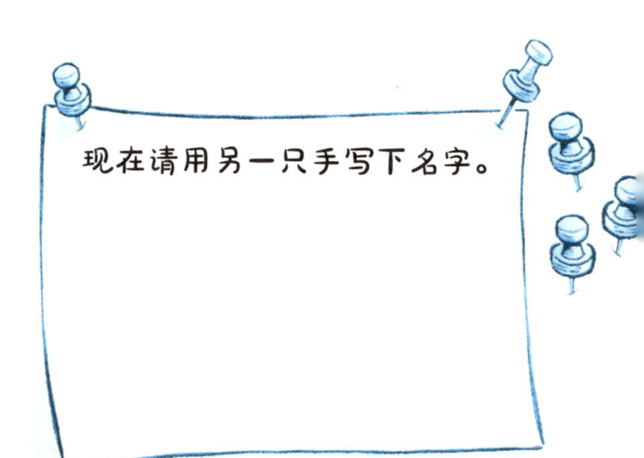

“唯亲眼所见，方知心之喜好”

苏·布莱恩
概念开发部，资深演出制作人

清楚地表达爱恶的能力可以赋予你捍卫自己项目的能力。

要了解自己为什么喜欢某样东西，你必须先成为“设计侦探”。作为称职的侦探，你得记笔记、收集图片和例证以备查案。

花五到十分钟来观察你喜欢的一样东西。注意自己的反应：你喜欢哪方面——颜色、形状、声音、形式、个性还是习惯？什么吸引了你——感受、回忆、细节还是用途？是什么让你决定买这样东西而非其他东西——内心的渴望、费用、实际需求还是牌子？

再花五到十分钟观察一样你不喜欢的东西。注意自己的负面反应，更重要的是想明白为什么你不喜欢它，是因为不好的联想、不喜欢它的材料、不适合自己、会引起过往不好的回忆，还是不够时髦？此外，在这样东西上找到你能欣赏的地方。几乎每样东西都有欣赏它的人——弄清楚为什么。

知道你所爱，且知道为何爱，可以帮助你创作出精巧而协调的设计。

故事景观

米歇尔·沙利文
景观设计部，资深景观建筑师

从故事出发，去设计主题公园的景观。

我是迪士尼主题乐园和度假区的一名故事景观设计师。我设计故事景观的方法和演员揣摩角色的方法类似。这个方法非常适用于由故事推动的项目。

寻找关于这个故事的一切资料。研究项目需求，全身心投入到这个角色里。

打个比方，故事景观需要大量的园景树。这些树通常是从外面的苗圃购买，或者种在公司专门的院子里。我愿意花大量时间泡在图书馆里寻找相关的文字、图像资料，或者找到与项目施工地相似的地方，去那里寻找灵感。

根据故事的发展收集所需材料，对植物景观进行“选角”，这样你的计划会慢慢成形。

对我而言，这意味着开始研究故事需要什么样的植物景观。这时候的目标是为合适的地点找到合适的“演员”（树木或者其他植物）。发现合适的“演员”时我会欣喜若狂，有时候甚至会跳上一小段胜利之舞。

组装故事项目的所有部件。

在组装阶段，大型起重机先运来各种大型园景树。看着装在集装箱里的大树在天空中吊来吊去，犹如做梦一般神奇。用起重机把树放到预定位置，将树根埋进土里，检查一遍，再把集装箱去掉，最后这棵树就会在讲述了故事情节的景观位置扎下根来。就这样，大大小小不同的树纷纷被种在指定位置上。为宾客们设计故事场景，我感受到极大的满足。在不久的将来，他们也会成为景色和故事的一部分。

把故事当成用新角度观察外部世界的一种方法。每棵植物在我眼里不仅是绿色的物体，它有着姓名和故事，是独一无二的角色。

故事制造者

汤姆·麦肯
工程部，高级副总裁

怎样才能成为故事制造者？

华特·迪士尼先生是这么回答的：“我有梦想，我用自己的信念来检验这些梦想，我勇于冒险，我执行自己的想法，让这些梦成为现实。”

通过把创意构想、故事和艺术作品变为娱乐演出、游乐设施和配套设备，幻想工程师证明了这个回答是真实可信的。如此说来，工程师堪称故事制造者。工程设计的任务就是通过技术和工程让创意概念成为现实。

故事要精彩，工程要可靠，二者共同决定了我们要怎样努力。整合是此过程中至关重要的一步，它把创意转化为最后的成果。这个过程里我们需要问很多问题，这些问题同样适用于其他项目。

提问：故事目的是什么？故事背景是什么，是发生在地震的时候，还是发生在太空中？

在原型开发期间，提问：通过观察和反复试验，我们学到了什么？新构想的第一批试验中，我们遇到了什么样的物理限制？

重复上述过程，不断调整和提问：我们可以把时间缩短吗？

开发概念时，提问：需要使用什么样的说明、模型和动画？

然后提问：这个概念化为现实后，是否和我们脑子里想的一致？是否和图纸效果一致？对故事本身来说，这一步是真正的考验，对故事制造者来说也是如此。

连贯性＋勇气＋决心＋知识＋技术，五者合一方能顺利通过这些实际测试。

为了让员工更深刻地体会故事，华特先生甚至把故事情节给演了出来。
——戴夫·费舍尔

貌似普通的元素就能把故事体验极大提升，远超过一般水平。
——杰森·苏雷尔

疯狂茶会——记一次故事活动

杰森·苏雷尔

华特迪士尼幻想工程佛罗里达分部，剧作家

如果你在策划传统的办公室活动时陷入困境，如果轮到你去主持一年一次的家庭假期聚会，不妨换个思路来完成这些任务——把故事作为组织策划的原则。

为主题公园设计活动时，幻想工程师都把故事视为组织策划的原则。故事让你可以根据一定标准来作决定。情节的发展告诉你怎么排列活动的顺序，故事的时间、地点则告诉你如何用视觉呈现活动流程。在这个过程中你是那位讲故事的人，其他人都成了故事里的角色。

选择要讲哪个故事（宾客体验）。宾客会做些什么（故事情节）？什么时候发生（日期、时间，甚至是“时期”）？你希望活动结束后宾客怎么和朋友谈论这次活动（结果）？

把活动流程当作剧本一样都写下来。在脑子里预演整个活动。

列个清单，记下故事里必不可少的细节。还可以从杂志上剪下代表着你的想法的照片图像。现在你拥有了所需的基本资料，可以用故事来策划一次活动。

比方说，策划公司拓展活动时可以通过活动和主题来讲故事——回顾之前的丰硕成果或者展望未来的成就。活动主题可以是复古式的西部烧烤，或者是可以打槌球（croquet）和羽毛球的野餐。如果是策划一次家庭聚会，那自然要讲讲家里的故事。

我妈妈在筹备一年一次的假期茶会时，也把讲故事当成组织策划的原则。这是关于我们家的故事，聚会的布置则反映了她的主题：有时候是意大利托斯卡纳区风格的圣诞节，有时候是卡津人（Cajun，主要居住于美国路易斯安那州的少数族裔——译者注）风格的圣诞节，有时候甚至是迪士尼风格的圣诞节。她根据不同的主题来选择活动，每个细节都紧贴主题——从手工餐具的摆放位置，到精心挑选的背景音乐。

进行策划时永远要记着故事，并且要提问：什么可以加强这次故事的体验？在你的答案的基础上，根据实际需要进行增删与修改。

重新定义正常

威尔·赫斯廷斯
环境设计与工程部，设计师

要创造一个新的世界，先从眼前这个世界开始。

作为一名灯光设计师，我选择调色板有一个技巧，我称之为“定义正常”。为房间或者服装搭配颜色时要注意灯光的设计，同一个颜色在不同灯光下会有不同效果，要做到所有东西都能融入灯光中。为戏剧、电影或者主题活动设计灯光时，你照亮的是一个完全不同的世界——可能是一个生活着奇异生物，坐拥域外景色的星球，也可能是乌烟瘴气的黑帮地盘。给这样的世界设计灯光的话，我会从一个简单的问题开始：什么是“正常”？

先要为“正常”设定一个基准。比方说，在我住的香港的酒店里，窗户装的是有色玻璃，往外看天空，是带着一抹蓝的暗灰色。房间里光线暗沉，物体投下的影子都是一大片一大片的，若有若无。而在我位于洛杉矶的家里，温暖的琥珀色阳光透过窗户倾泻进来，填满了房间，物体的影子是长长的，颜色很深，接近紫色。

如果要把这两个地方改造成电影场景，二者的色调基准是不一样的。对于这两个地方，你会选择用什么颜色来模拟阳光呢？

下面来试着创造一个有着绿色太阳的世界，在那里绿色的阳光是正常的。换句话说，绿色是新的白色，根据这个新的基准来重新定义“正常”。作为一个设计师和讲故事的人，要问什么问题呢：如果太阳是绿色的，天空、影子、大海、植物和人会是何种颜色？回答这些问题会帮助塑造你的新世界。

你不需要编造答案。根据物理和逻辑定律，简单地猜测一下（或者去调研）之前的“正常”在新世界中会变成什么颜色。你的答案要尽量合理可信。

我们关注周遭的环境，以及生活在其中的人。
——约翰·马泽拉

视觉叙事工具：感受

莱蒂西亚·G. 勒勒维耶
创意开发部，资深演出制作人

从感受和想法着手，去创作一个有画面感的故事。

你看到的、感受到的所有事情都会增加你的想象力感官词汇。当你进行创作时，你会用上这些词汇；在创作带有画面感的故事时，这些词汇尤其重要。

“从感受中获得感受”是视觉叙事中的关键因素。这意味着在创作过程中尽早确定项目的整体本质和情感——即项目故事要呈现的效果。

> 围绕着项目及其特征，写下每一个相关的因素。如果是打算装饰房间，你可能会想：谁住在这个房间？里面会发生什么事？它的主导情绪是什么？人们会怎样评价这个房间？如果房间会说话，它会说些什么？然后检查这个列表。
>
> 观察要敏锐。动用所有感官去捕捉故事的灵魂或最终成果。列表里传达的主导情绪是什么？说出来，写在纸上。下一步把这个情绪转化成某种图像、素描、照片、颜色或者图形元素。这些元素包含了项目中基本的叙事元素，你可从中提炼出视觉词汇表。现在你拥有足够多的感受和图像来展望你的项目。

我发现图像词汇表来源于主导情绪，任何项目都靠这种情绪来维持视觉的统一。不信的话可以去你喜欢和讨厌的餐厅里检验一下。这两家餐厅传达的主导情绪有什么不一样吗？你会怎样描述它们的视觉词汇表或者是它们提供的故事体验？

视觉叙事工具：构想

西塞罗·格雷特豪斯
华特迪士尼幻想工程佛罗里达分部，艺术总监

视觉叙事的第一步是充分理解故事及其背景。

故事的骨架是构想，我们必须将这个构想外化出来，看看是否行得通。随着故事的发展，构想提供了故事结构和视觉的统一，而这个统一反过来赋予故事特性。

> 你心里有关于这个项目的大概形象，用这个形象来创作构想，再将其表现出来，看看是否行得通。收集所有可以表现这个构想的草图、剧本、照片、现有的图像和地点的信息。研究这些外在的图像，找出所有细节。现在你作好了准备，可以自由思考如何去发展、维持和强化项目。从中选出最好的办法，模拟一次详细的演示报告。然后给领导做演示报告；如果你是项目负责人，那就自己进行评估，作出选择（通过演示报告这种形式来评估点子可以得到最佳结果）。

我学到的经验是，最好有一个构想。设计师、制作人员和场地艺术总监在执行项目时，可能会对故事有所调整，也可能会保持故事的完整性。不管怎样，有了构想作为根本结构，可以保证不会偏离故事的原意。

选三样东西

马克・萨姆纳
演出布景 / 游乐设施工程部，资深技术总监

编故事远远不止哄孩子入睡这一个简单的用处。

迫使自己用三样互不相关的东西来创作故事，可以打破固有观念，让你更自如地去探索其他可能性，一流的点子可能就孕育在其中。我是从"选三样东西"这个游戏中学会这个道理的。孩子们小的时候，我常和他们玩这个游戏。孩子们选三样看起来毫无关联的东西，我负责编一个故事把它们串联起来。我必须找出这三样东西是如何联系起来的，不然的话我就得一边编故事，一边创造出这样的联系。

先把听众聚集起来，大人小孩都欢迎。
让他们想出三样不相关的东西，然后你必须用在故事中。
不允许查阅词典。

举个例子，我的孩子有一次选了回形针、月亮上的人和乔治・华盛顿。下面是我编的故事：

很久以前的一个深夜里，乔治・华盛顿坐在树下休息。一个小女孩走了过来，问道："月亮真的是由新鲜乳酪做成的吗？"乔治回答说："我觉得不是！"

这时传来一个响亮的声音："我是月亮上的人，我是由新鲜乳酪做成的，我的屁股上有饼干，你们看不到！"

他们从来没听过月亮说话，感到十分害怕，于是跑过去找本杰明・富兰克林。本杰明正在修理被闪电劈坏的风筝。他们告诉本杰明："月亮上的人刚才说话了！"本杰明笑了起来，解释道："托马斯・杰斐逊正在树林里背台词呢。他演的就是月亮上的人。"

大家一阵大笑。小女孩说："这真是个好故事！"她坐到本杰明的书桌旁，把故事写了下来，足足写了三页纸。她一本正经地说："千万别把纸给弄丢了，我要拿回去给妈妈看。"本杰明是个发明家，他思考了一会儿，拿出一段金属丝。他把金属丝绕了两个环，把纸放在环中间，纸就被夹住了。

乔治对此赞叹不已，他问："你管这个叫什么啊？"本杰明想了一下说："我管它叫回形针。"

相信自己的想象力可以找到物品间的联系，把关系明晰化，推动故事的发展。你的想象力接受过良好的培训，擅长用不同方式把信息联系起来。重要的是愿意去接受意想不到的联系——这就是创意。

自己一人也可以做这个练习。从周围找到三样不相关的物品，写一个故事把它们串联起来。一气呵成，中间不要停下来思考。

用形容词来思考

史蒂夫·拜尔
创意开发部，资深概念设计师

用形容词来思考，可以给你的项目注入崭新的生命，给你的点子带来情感的活力。

幻想工程师的工作是在迪士尼主题乐园里给宾客打造情感之旅。一开始，我们用表达了情感和想象——尤其是我们自己的——的形容词来描述故事体验。我们思考着应该营造什么样的感受——恐怖、快乐、高兴、欣喜、紧张或者是浪漫，而不是一味地想着去动工——建过山车、剧场、学校、庭院或者是家庭娱乐室。如果我们能感受到自己创造的兴奋、浪漫和激动，宾客也能得到同样感受。形容词不仅能用在故事板和实体模型上，还能用于构造概念，这样最后完成的项目能够向宾客传递这些形容词带来的感受。我们收集各种形容词，因为它们能带来源源不断的创意。

列一个清单，写下你用来形容爱恨情仇、喜怒哀乐的形容词。继续挖掘，在书中、电视和杂志广告里寻找更多的形容词。你还可以采访家人、朋友。在描述自己的点子和项目时，用上这些新发现的形容词。使用要恰当。

举个例子：你准备把一间卧室改造成家庭娱乐室，那么把注意力集中到你想要营造的情感上——比如“欢乐”。用你表达欢乐的词汇说一个句子，不断换词，直到找到了可以准确描述你想要的感觉的形容词。然后发挥想象力，让创意流动。有了想法后，和家人、朋友讨论：他们有什么反馈？他们有什么体验和感受？你需要作出哪些改变？

形容词构建了想象力的视觉和情感词汇表。它们深深植根于我们的情绪反应里，透过我们以往的记忆来唤起大家共同的感受和印象。

列出一些形容词：

用类比来思考

汤姆·季雷昂

插画师及画廊艺术家，前幻想工程师

你知道你想要什么，因为你以往看到过、经历过类似的事情。

用类比来描述想法，既实用又有创意，可以让人有形象、直观的感受。如果你想让自家后院白天看起来如同英式花园，晚上看起来像美国迪士尼小镇的大街，那么浮现在脑海的画面是：白天，花园里花草丛生，院中有小径，树木环绕；晚上，院子周围大树林立，细微的灯光闪烁其中。用类比进行思考可以帮助你实现想法。

> 使用“就好像……”这个句型，观察四周的环境，把感官体验和想创作的内容联系起来。譬如，“我的办公室就好像暖日里的冰淇淋店”这句话让人觉得你的办公室气氛融洽、色彩斑斓、凉爽宜人，满是诱人的甜香。而“我的办公室就好像乡村医生的办公室”则让人觉得你的办公室温暖舒适，简朴的房间里摆放着木制家具，窗户挂着蕾丝窗帘，窗边摆着很多盆栽植物。

类比不仅可以帮助你描述一样东西，还可以帮你描述苦苦思考的点子或者想向人表达的点子。举个例子，在描述“印第安纳·琼斯冒险™”游乐设施的概念时，你可以说它就像是动画角色。它顺着轨道前行，四周有各种景色。它有时候觉得好奇，有时候会感到兴奋。这样的描述可以给宾客添加多一层的故事体验。又比如，在描述创意的过程时，你可以说创意就好像是呼吸。不要拘泥于形式。呼吸对人来说至关重要，你希望一直呼吸下去，呼吸的时间越长，活得越久，想到的点子就越多。

列出一些类比：

类比建立了想象力的视觉和情感词汇表。收集这些类比就好像收集一串珍珠。收集得越多，越是熟悉它们，你会越安心。

不惧怕任何可能！

“假如？”

史蒂夫·“老鼠”·西尔弗斯坦
华特迪士尼幻想工程佛罗里达分部，动画编程系统部，首席开发员

用“假如？”来作为一个点子或建议的开场白。

“假如？”(what if?)是我的幻想工程导师瓦瑟·罗杰斯(Wathel Rogers)最喜欢说的一句话。据说他在解决问题时太爱念叨这句话，这都成了他的外号！“假如？”这个问句十分有技巧地邀请别人来分享意见和建议，就好像在说：“我真的很想知道你是怎么看的。”

> 用它来向自己和他人提建议。
> 用它来表达“什么可以让神奇的事情发生？”
> 用它当作开场白，去探索积极的、有创意的想法和方案，而它可以让最神奇的事情发生。
> 向自己问一系列“假如？”的问题，并作出回应。记下每一个问题和答案。保持积极的态度。
> 回答每一个“假如？”，答案要完整。

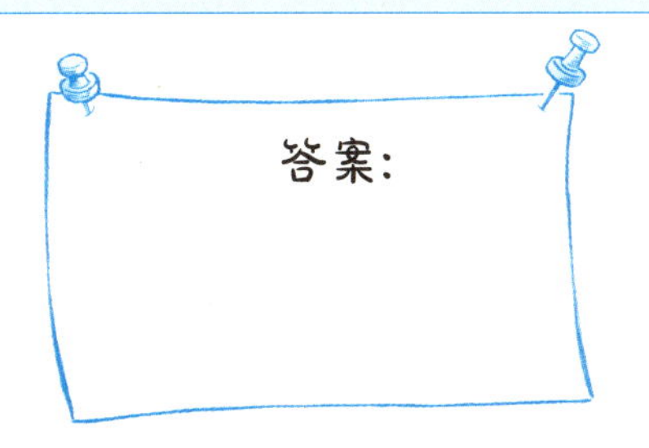

使用“假如？”这个问句有以下好处：

- 保持心态开放，接受任何可能的解决办法；
- 在彻底想通之前不错过任何一个点子；
- 愿意去理解别人的看法，并作出妥协和让步；
- 迫使自己从别人的角度去看待因果关系。

出于害怕、犹豫或怀疑，你可能会问“假如我失败了怎么办？”或者“假如我的点子不奏效怎么办？”别想太多，提醒自己，对于无法控制的事情问“假如？”是毫无收获的，尽管去做吧。

作好准备，重获好奇心

凯蒂·罗瑟

华特迪士尼幻想工程佛罗里达分部，道具／场景设计师

孩童时的你通过观察和提问来学习。

我们在成长的过程中丢失了好奇心。它是在我们不知不觉中被父母和老师给扼杀了吗？还是因为我们怕问蠢问题、怕尴尬、怕丢脸，抹杀了自己的好奇心？要想重获好奇心，要想作好准备使用好奇心，可以遵守以下简单的规则：

要有态度！要有自信。如果你充满自信地问蠢问题，别人会认为你是在核实事情，而不是在问蠢问题。假如不够自信，那就挺直腰杆大声提问，摆出一副信心满满的样子！

自己去调研。不要因为别人告诉你他们已经尝试过了，就不去做那些事。他们也许是对的，但是身体力行才可能获得灵感，学到东西。

放松，生活，吸收！创意人的好奇心永不停歇，对待工作的态度永远不是朝九晚五地混日子。相反，如果发现了可以提高自身的事情，他们会将其融入生活当中。

好奇心会让我们找到信息，去学习，去发现，去发挥创意，找到解决方案，并提出更多问题。好奇心让你拥有无穷创意！

摧毁常规

约翰·波尔克；汤姆·布伦特纳尔；杰克·吉莱特；乔·古铁雷斯；加里·施努克；Mk 海利
华特迪士尼幻想工程，图像与效果团队

如果你曾经试过拆卸物品来研究其中的工作机制，那你应该是出于纯粹的好奇心和灵感来查探物品，进而试图去理解原理，重新设计，让它变得更好。

拆卸物品时会发生什么事情？你会建立自己的空间关系词汇表。物品是怎么分解的和它们是怎样组成的同样重要（尽管有时候物品拆卸后不一定能组装成原来的东西）。

拆开物品

拆一个熟悉的物品。留心观察它是怎样被拆开的，观察每一个单独的部件，观察它是怎样重新组合的。你可以试着拆一根按压式圆珠笔。先观察按压的部件，弹簧，还有组装的方式。然后进行拆卸。你都观察到了什么？它的工作原理是怎样的？再从家里找一些比较简单的可以拆卸的物品，研究一下它们的工作原理（孩子们别忘了，得到大人的允许才能拆东西哦）。家里如果有老式的鼠标，观察里面的轨迹球是怎样装进去的。也可以去看看抽水马桶：把水箱的盖子卸下来，观察冲水时水箱是怎样工作的。如果你提着水箱里的浮球，会发生什么事呢？

打破物品

东西被打破的时候会发生什么事情呢？这是一个学习的好机会。不要难过，接受意外，把失败当作朋友！去打破点东西吧，或者当你不小心打破东西的时候，利用那个机会来学习。把碎片捡起来，观察它们是怎么拼凑在一起的。如果你拼不成原来的样子，可以试着拼成任何你想要的东西。借这个机会去学习意外发生时物品的工作原理，学习怎么修理它们，学习如果没办法修理了它们还能用来做什么。

化“危”为“机”，创造机会。

九问“为什么”

汤米·琼斯

演出布景 / 游乐设施系统工程部，技术总监

如果你有志于推动艺术的发展和改变艺术的现状，那要作好准备，要富有激情地去问“为什么”，去回答“为什么”。

问“为什么”代表着好奇，会唤起人们心中的疑惑。如果得到合适的回应，这个问题可以把团队成员聚集起来，共同去完成高风险的项目。通过回答“为什么”，提问者和回答者之间可以建立友好的关系。我发现，至少需要问三次“为什么”才能建立、发展和完善这个关系。被问及“为什么”时，你要乐意接纳这个问题，并且竭尽所能去回答。

为什么?

构思新点子、概念、计划或者工作方法时，检查评估工作成果时，都可以使用这个练习。首先，尽全力完成任务。然后自我分析，问九次“为什么”。从以下三个角度出发，每个角度问三次：上司，同侪，以及下属（或者团队成员）。

打个比方，在检查评估工作成果时，问“我们为什么这样做？”写下答案，并进行分析。

这项练习得到的答案可以让项目成员知道为什么要这样做。如果你说服了上司，他们会给你提供所需的资源；说服了同侪，他们会帮你排除困难，在工作上给予你帮助；如果说服了下属（或者团队成员），他们工作起来会富有热情，共同完成项目。

问问“为什么”，可以让你了解自己的产品，对它更有信心。

调研

伊桑·里德

娱乐演出动画与编程部，娱乐演出动画师及设计师

调研越多，越有助于为工作成果打下牢固基础——永远别嫌调研多。

作为动画师，我知道动画制作精良与否取决于开发阶段的调研。进行调研，我们可以深度研究动画角色的形状、动作、外形和性格特点以及生活的环境等资料。有了这些信息，我们可以创作出让人信服的动画角色和故事环境。

比如要制作一个企鹅的动画角色，首先从动物园开始进行调研。动画师会拿出自己忠实可靠的素描本，细细观察，画下这种神奇生物。去了无数趟动物园之后，他们对怎样画企鹅和企鹅的动作都烂熟于心。他们会逐帧分析企鹅的影片，深入研究企鹅的步伐和姿态。导演会介绍企鹅这个角色的性格——也许是一只坚定自信、风华正茂的企鹅，也许是一只上了年纪、脾气暴躁的企鹅。这些工作都完成之后，动画师开始为动画场景画缩略图，还有故事梗概的草图，以此来创作一个让人信服的角色。

选一个小项目，比如画某个品种的树。别着急铺开画纸，先去作调研！去农村，去公园，去小区，仔细观察这些树。从园艺书籍里研究它的形态，了解它的特点，看看画家们是如何描绘这种树的，观察他们怎么处理光线，怎么落笔绘画。

然后开始画一些小幅草图。这也是一种调研。慢慢再进行下一步——拿起笔去画这棵树。

调研有着很重要的好处：你调研越多，越有自信。

对于问题的认识有多深，进行设计的范围就有多广。

——约翰·亨奇

沉浸式体验环境

朗达·康茨

华特迪士尼幻想工程佛罗里达分部，演出制作人

一个人可以进行沉浸式体验调研以获取灵感，也可以从调研中得到启发。

调研的方式取决于项目的进展程度。在幻想工程，我们十分重视故事的目的以及对故事环境的体验——置身于故事环境中或者进行沉浸式体验。

作为艺术导演，我是这么做调研的——把周围环境模拟成手头的项目。举个例子，在华特迪士尼世界魔法王国的阿拉丁剧场工作时，我是这么做的：拿出所有关于阿拉丁的藏书，从电影场景中研究相关元素，把调研取得的样本陈列在办公室里——地毯，各种装饰品，圆形的灯等等。阿拉丁的图画照片就挂在我的座位旁边。办公室的每个角落都在提醒我别忘了阿拉丁的故事。这是我体验故事环境的方法。表演开场时我还会穿上相应的服装，用另一种方式去体验故事。

选择一个打算深度体验的项目。写下项目包含的所有元素，寻找代表这些元素的材料（越大越好）。在家里或公司里找一个地方来摆设这些样本，这样你就可以进行沉浸式体验了。

举个例子，如果你打算修理一辆古董车，先大量收集这辆车的原厂内饰和外观的图片，图片要包含尽量多的细节；为座位靠垫、仪表盘和车身颜色收集尽量多的色彩样本；开车会去的地方也要拍一些照片；最后，别忘了在陈列这些图片的地方喷上新车的香水。

认真细致的调研可以激发灵感。

打造调研环境

托尼·巴克斯特
创意开发部，高级副总裁

调研是一切项目的基础。我深受老约翰·德屈尔（John DeCuir Sr.）的影响，他曾七次获得奥斯卡金像奖——其中包括最佳艺术指导奖。约翰在为电影《国王与我》做前期调研时，发现有关泰国的书里描述暹罗的有趣照片寥寥无几，因而感到十分失望。为了解决这个难题，他转向19世纪的珠宝首饰、织物布料和旅游商品寻求灵感，这些物品代表着这个发生在泰国的传奇故事，激发了他的灵感，继而他为电影创作出独一无二的艺术设计。他寻到了许多瑰丽物品，从中汲取灵感，转化成电影的设计元素，最后荣获奥斯卡最佳艺术指导奖。

创造一个属于你的项目的环境。不要停留在传统的调研里。寻找项目里典型的摆设、艺术设计和衣物；参观博物馆，观赏表演，看电影；尝尝与项目有关的食物。用这些元素把自己包围起来，从中汲取灵感。这项练习可以用来策划一次梦幻假期，筹备餐饮服务或聚会，等等。

想象力需要大量资料的支撑，而前期调研可以满足这个需求。通过调研，可以获得大量资料。这些资料可以储存起来，以供日后回顾；也可以重新组合，用来构思点子。

创作的种子

彼得·麦格拉斯

巴黎迪士尼乐园幻想工程，娱乐演出标准规范部 / 创意开发部，总监

根据需求进行创作时，重要的是情感和灵活性兼具。

创作的第一粒种子来自需要表达的情感和需要讲述的故事。但必须指出，人的情感必须有交流和传递。

因为某些人和事触动了我，我才能写出诗歌。如果没有情感的交流，我的创作将一无所有。作为项目经理，在筹备工作时，我回归到诗人的本性，寻觅要讲述的故事。执行项目时，我的方法依然十分灵活，随机应变。

按需创作，要求你要忠于自己想表达出来的感受。这样的感受包括对建筑规模的感受，对选址的感受，对梦幻王国、未来愿景还有对浪漫故事的感受。另外，在作重大决策时要有灵活性。

比方说，我大学毕业时作出了一个影响深远的决定，那就是遇事灵活应对，随机应变。时至今日，我如同流浪者一样把握每一次机会，去创造自己的环境和实现自己的潜能。从个人层面来说，灵活性也十分重要。拘泥于教条容易造成极端主义，这在现今社会中是不可容忍的。但是，可以灵活调解与缓和这些极端的思想和灵感。有人把这叫作妥协；有宗教人士称之为“中道”。它处于虚无主义和绝对主义的中间，前者拒绝一切存在，后者强调绝对性。中道则是创作的沃土。

寻找自己的本我，从中汲取力量，发掘内心隐藏的诗人、画家、音乐家或者讲故事的人。写下你希望感受到的和沉浸其中的情感。寻找表达这些情感的诗歌、画作、音乐和故事。

思考自己的灵活性：写下这些情感里你能够以及不能够容忍的地方，它们是怎么表达的。问问自己：底线是什么？限制又是什么？尊重底线，不要逾越。对于限制，则可以灵活应对。

根据项目需求，找寻对应的情感，然后进行创作。这也有助你保持本性，灵活表达需要讲述的故事。

创作过程

安·马尔姆隆德
创意开发部，资深演出制作人兼导演

如果事事顺利，那就保持原样，继续工作。

机会总会来的。就好像与生活共舞：你是这个双人舞的一部分，所以脚步要轻，别踩到对方；不要停滞不前，这样生活到来时你才能够跟上舞步。

如果事情进展不如人愿，或者你需要开始与生活共舞，那就不断阅读。本书的每一位作者应对创作瓶颈或者着手新项目的时候都有着自己的一套方法。你需要的不过是别人轻推你一把。老师、朋友和同事都推过我一把。他们提醒了我——那些我已经知道却不小心遗忘的事情。

灵感：观察和你从事同样工作的人，和他们交谈（对我而言他们是艺术家）。

鼓励：继续工作。读大学时我选修了绘画课。在课上教授曾说，画出一幅漂亮的作品后，要再画二十幅，找到完成第一幅作品时的激动和成功。继续工作，你会找到它的。

刺激：做大量不同的事。这些事会相互作用，锻炼你的大脑。读书，雕刻，捏陶壶，画素描，做园艺，使用电脑，进行室内装潢——所有的这些都能够唤醒你的眼睛和想象力。

激情：去生活，去爱，去大笑。你的激情都体现在作品上，因为你的内心和大脑决定了作品的深度和广度。

学习：学习规则。然后把它们放在内心深处，放在潜意识里。该有的工具你都有了，自由地去工作吧。工作应该是关乎感受和概念的，和方法无关。

向别人学习

如果恐惧压抑了你的创意，试着去冒险，去向别人学习。当思路堵塞，想不出点子或者解决不了难题时，你也可以求助于人。

通常来说，恐惧之所以压抑了创意，是因为我们害怕丢人，怕被人觉得自己愚蠢。其他时候，创意受到了压抑是因为我们不愿意采用专家的方法或者技巧，觉得他们的创新其实是作弊行为（不过大部分专家的成果都是基于别人的好点子）。所以，为什么不向专家学习呢？

找出你的创作挑战，或者选一个需要创意来解决的难题。

- 谁是该领域的专家？找到那些能够更好地解决这个难题的人，并写下名字。
- 假装你是其中一位专家。模仿他们的风格神态，学习他们的典型行为，想出一个方法。
- 简单写下这个方法的特点。问问自己：专家接下来会怎样做？他的最终成果和你的相比怎样？专家的成果都有什么特征，把想到的都写下来。
- 是否有事情会激励自己去冒一把险？专家身上有什么地方值得你学习？

——比尔·韦斯特

科学系统部、演出布景／游乐设施工程部

资深软件工程师

请勿擦除！！

假如这个领域一位专家都没有，你也才思枯竭，那你需要狠狠地去思考，挖地三尺也要找出一个人。听起来有点夸张，但这就是目的所在。越夸张，越有效！目的就是通往你的创意智库。我的智库包括家人、朋友、想象中的角色，甚至还有我的狗！

从身边的事物中挑选你的智库成员——人、宠物、虚拟的角色（毛绒公仔也可以）。他们不用知道你目前遇到的苦难（如果他们丝毫都不知晓，可能会更好），也不用出现在你眼前。他们存在于你的想象中。在脑海里和他们对话，或者在纸上写下你们的对话。和他们说说你遇到的挑战。思绪不通时，向你的创意智库"求助"，和他们一同进行头脑风暴！你永远不知道会得出什么好点子。

——杰森·格兰特

创意开发部

平面设计师

尽管去问

安妮·惠洛克
信息研究中心，研究专员

如果你思路卡壳，或者不知道下一步该怎么走，或者需要进一步的信息，不妨去向人求助。索取更多信息，能够从新的角度去点燃你的创意。

在幻想工程研究图书馆这里，我的工作职责是帮助别人找到他们需要知道或者想要找到的东西。帮助别人时我的原则是：

找到他们要求的照片、文章或者风格，从这个目的着手。

寻找与要求相关的或者他们可能感兴趣的东西。

时刻记住自己所选的东西可能会给他们带来不同的点子，而这些点子可能和他们原本的想法大相径庭。

列出所有你认为可能拥有所需信息的人：图书馆管理员、教授、工程师或者是业余爱好者。要想得到真正有创意的答案，不妨问问儿童或者青少年。再列出所有你知道的有趣的人和引起注意的人。记下那些人有趣的地方以及你与他们的不同之处。想出你的问题或者要求——不用太明确——然后决定询问的顺序。坦诚接受他们的回答。他们给出的信息可能会给你启发，让你创作出与初衷完全不同却又令人惊奇的作品。

你得到的答案会让你的思维更加多样化，从而想出有创意的办法。也许你会惊讶于自己得到的答案和想法，发现自己朝着全新的方向进行创作。

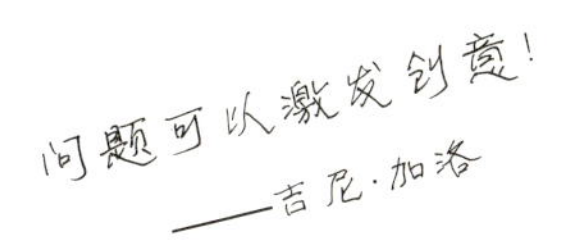

将自己置身于从图书馆和网上找到的图文信息，然后开始涂涂写写！

——戴夫·米尼基耶洛

画面里的点子

多丽丝·哈同·伍德沃德
会展、度假区及平面设计师，前资深演出制作人

为什么在“条条框框”里思考都不会得出好的结果?

我总是在“条条框框”里思考，但做得也不错。我把自己的点子装进框里，但是我的点子其实是在框外。听糊涂了吧？想一下，所有的设计成果最后都会有包装或者有框围着，CD封面、公司标志、画廊里的画——每一个都有框。“把点子装进框里”这个方法让我在“跳脱条条框框”进行思考的时候，把注意力都关注在最后的设计成果上。

确定项目成果最终会装在什么框里。如果是翻修厨房，那么房间就是那个框；如果是画画，那么画布就是那个框；如果是摄影，那么镜头就构成了那个框。

想象一下最终成果装在框里是什么样子。尽量抓住细节，看看能想象出多少细节。把你的想象画下来，或者用文字写下来，最好附带描述。在执行项目时参考这些笔记，根据需求再进行删改。

训练自己的大脑使用条框模式。不要像摄影师那样用手指比出一个框，而是用大脑去想象。多训练几次，你就能自然而然地做到这一点。

视觉化技巧

苏珊·萨瓦拉
视频通信代表

通过想象，你可以富有创意地想出可行的解决方案。而视觉化技巧是这种能力的一部分。

创意视觉化是一种内在的感受过程，旨在让你去看、去摸、去听——有时候还可以去尝——心中的点子；然后在脑海里尝试用各种办法去实现这些点子。

设计一次演示报告，需要用到视觉化技巧——在脑子里观察所有的元素，进行组织和调整，最后制作出来。我的工作职责是创作和设计演示报告所用的 PPT，用恰当的图文信息来表达想法。我的目标是制作出风格简洁优雅、信息突出、赏心悦目的 PPT。

譬如说，编辑纯文本时，我会从字母整体形状和给人的感觉等角度出发来选择字体。如果一段文字主要是由圆形的字母组成，我会想象在演示报告中它怎么和相似的图形及空间进行搭配。通过这个过程，我可以在文字和图形中找到平衡与和谐。一旦我在脑中想象出图文排版，感受到图形的效果，我就会用电脑模拟一下，看看这个设计是否合理。

准备物品：含有不同品种鲜花的花束、一个玻璃花瓶、水、剪刀

仔细观察每朵花的颜色和花茎长度。在脑海中按照感觉来排列颜色和长度。慢慢地把花一枝一枝插进花瓶里，认真注意刚才脑海中的图像和自己的感受。关于和谐与平衡，听听你的直觉是怎么说的。出于设计需要，你也可以适当剪掉一段花茎。

有时候你会在脑海中浮现画面之前就知道自己想要什么，而有时候你会先听到自己想要什么。

所有感官通力合作进行创意视觉化，从而帮你实现心中所想。

多维视觉思考

里克·罗斯柴尔德
高级副总裁，娱乐演出执行总监

多维视觉思考是从事创作活动必须掌握的一项重要技能，尤其是处理三维建模项目的时候。

作为戏剧艺术指导，我必须对周围的环境了如指掌。我会使用多维思考，在脑海里想象出舞台场景和故事环境。但是我看到的不是静止的画面。在我脑海里，我看到的是一个空间或者一件物品。和电脑动画软件一样，我可以在脑海里走过那个空间，转动那个物品。重要的是模拟出实际情况。

舒服地坐下，挑一样物品进行观察。仔细研究它。然后闭上双眼，回想它的形象。眼睛不要睁开，在脑海里细细勾勒它的样子，试着回想每一个细节。再睁开双眼，观察现实中的物品，与脑海中的画像进行比较，看看少了什么或者多了什么。这些都是重要的学习经验。

多了东西是因为你脑海中别的信息与实际物品建立了联系。少了东西是因为你从图像中剪辑去掉了它。重复这个练习，去掉多出来的东西，补上缺失的地方，直到脑海中的画面和现实中的物品完全一致。继续这项练习，看看想象的画面能不能像播电影一样投射在你面前，或者看看你是否能进入这个画面。不管怎样，你要和画面中的物品进行互动——拿起物品，然后放回原位。还可以进行更复杂的互动，从而锻炼你的多维思考技巧。

学习视觉化思考的方式越多，解决创作问题的办法就越多，除此之外，你越善于理解他人的想法，这样可以保证沟通的准确性。准确沟通对于个人和团队工作来说，都是一个重要的技巧。

分解任务

尼娜·雷伊·沃恩
概念设计/创意部，资深演出设计师

工作时若要处理大量的复杂视觉信息，那就分解进行吧。

在幻想工程工作，我会把概念和点子画出来。通过不断的实验和指导，我学会了表达复杂视觉信息的办法——那就是把它分解成基本要素。

细节清单

复杂的视觉信息是由大量的细节构成的，这些细节涉及项目的整体构成。把每一个视觉细节都列在清单上，从而分解这个视觉信息。给每个细节命名，并描述特点。然后进行分组，把它们和项目整体联系起来。最后你就可以用这张文字地图来整理视觉图像。

缩略草图

整理视觉信息时，使用五厘米的正方形素描本来画草图，可以简单勾勒出轮廓，可以画简笔画，也可以画符号——用这种尺寸的素描本只能允许你简单画几笔。将所有需要视觉表达的点子都画下来，想画几张就画几张。然后进行检查评估，选出你认为效果最好的几张。这样就作好了准备，可以开始执行项目。

我们创作的所有东西几乎都包含视觉元素，我们需要用尽可能多的视觉工具来解决创作难题。

书中空白的地方都可以信手涂鸦！
——史蒂夫·拜尔

配音：表达情感

布莱恩·内夫斯基
主题公园制作部，选角协调专员

和舞台上或者电影里的演员一样，配音演员也需要创造出角色的情绪与感情。

配音看起来可能是表演行业里最轻松的活儿。不用记台词，不用梳妆打扮，只需要有一把动听的嗓音，还有认识剧本上的字就可以了。

过去十年里我负责幻想工程的配音演员选角工作。这段工作经历让我知道，一个真正优秀的配音演员在演绎台词的时候会创造出对应的角色。一流的配音演员可以用声音表达情感，从而把角色演活，增加表演张力。

从下面这个看似简单的句子开始：

"公园将会在十五分钟后关门。"

乍看之下，这句话没什么可发挥的空间。但是话不能说死了。把重音放在句中不同位置，听听效果怎样。

公园将会在十五分钟后关门。

公园**将会**在十五分钟后关门。

公园将会在**十五分钟后**关门。

公园将会在十五分钟后**关门**。

然后用不同的情绪再读一遍：高兴、忧伤、害怕、搞笑。除了声音，再用上你的眼耳口鼻和肢体动作来充分表达自己。试试看！尝试脑子里闪过的每一种情绪。大声朗读这个句子，你会发现句子表达的意思会随着重音的变化而变化。

做这个练习时，录下自己的声音，然后重放。听听自己是怎么表达情绪的。可以把这个练习用在任何文字材料上，听听那份材料读起来是怎样的。

让你的项目发声

麦克·韦斯特

华特迪士尼幻想工程佛罗里达分部，资深演出制作人兼导演

如果你想知道项目最终的实际成果，可以让它自己说出来。你听着就好！

写剧本或者其他东西的时候，我总是读出笔下的文字。这有助于我去体会如果这些文字被大声朗读出来的话听起来是怎样的感觉，我也可以想象一下自己会把重音放在哪些字词上。通过这个练习，我知道一个词是否表达了自己想要的真正意思。

把手头的项目用文字写下来，或者选一份现成的剧本或者其他文字材料。

大声朗读这份材料。倾听自己的声音——没错，就是听声音。它可能试图告诉你一些事情。朗读出来的词语能够非常生动地传递信息。

朗读时可以着重读部分音节。你会发现读到某些词语时，自己似乎会很自然地摆出某个手势或者某个姿势。朗读时的音量大小，表达感情时的音调高低，都隐含着细微不同之处。所有的这些反应都告诉你写文章时应该如何遣词造句。

如果朗读时的抑扬顿挫和身体姿势都不能帮助你表达信息，也许是读的方法不对。换一种方法和声音再读一次。

沟通是设计因素之一

詹姆斯·克莱珀

演出布景/游乐设施工程部，电气工程师

一个简单的示意图就能进行有效沟通。

技术是一把双刃剑。一方面它启发人们创造出不曾存在的东西，另一方面它又限制了人们的思维，阻碍了他们的成就。幻想工程师在设计中会反复使用框图来寻求指导。框图有助于产品基本元素和功能之间的沟通。

> 选择一个项目来画示意图。列出关键元素。把元素放进框里，用箭头标明活动流程。思考一下元素、用户和产品之间的沟通是否清楚。设计时要记住用户易用性。另外，第一版示意图只是初稿，里面的东西以后不一定都能用上，需要不断进行修改和完善。

下面这个框图展示了微波炉加热比萨的部分过程。

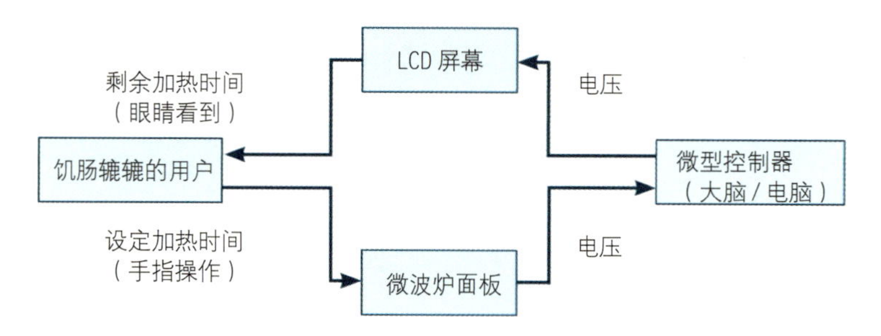

微波炉这个例子说明了人与技术之间的沟通。人与微波炉之间精心编排的互动是经过了详细计划和考虑的。全世界一流的微波炉制造厂家都在揣摩用户拿着冷冰冰的比萨朝着微波炉走过去的时候在想什么。厂家认为微波炉要负责绝大部分工作，用户只需享受成果即可；而且微波炉要易于使用，屏幕界面要友好，使用说明也要容易看懂。

设计和生产产品时需要进行沟通，而框图是把沟通视觉化的好办法。

左脑创意

吉姆·亚斯科尔

迪士尼乐园游乐设施控制工程部，组长

如果创意的灵感还没到来，主动出击，去寻找可以创造好点子的方法和策略。

灵感不通人语，不会按照我们的意愿出现。有时候即使灵感大驾光临，却并不会如我们计划的那样到来。需要构思点子的时候，我会用分析思考法，又叫左脑思考法。这个方法可以系统分析难题的各个方面，让我思考如果某些方面不设限的话都有哪些解决办法。如果你喜欢条理清晰、结构清楚的创意，或者当你时间仓促却没有灵感的时候，试试这个方法吧。

首先，思考一下自己正在做的工作。问自己："为什么这么做？"

是因为和别人达成了协议吗？比如合同的规定、公司内部或者顾客的要求、上司的指示、法律法规的条款、先入为主的观念、物理定律的制约、舒适区和生活常态、项目的目标、项目早期的决策，还是要尊重那些容不得批评的习俗？

把项目每个方面的要求和限制都写下来。按顺序来思考一下，如果这个方面不设限的话会发生什么？写下几个可能的答案。最后综合考量，找到目标和点子。

要注意那些互相关联的几个方面，办法很有可能会从这里诞生。挑战那些固定不变的因素。比如说，设计小玩意儿的时候要考虑到能够盈利。但是如果不考虑赚钱，可能会有更多的设计方案。或者不考虑盈利，而是以较低的价格去占领更多市场份额。

找到前景看好的目标和实现目标的备选方法。比如说，暂时不考虑盈利以获取市场份额；为了增加新的特性，想办法降低生产成本；去掉很少使用的特性，加上新的特性，等等。

左脑思考法的真正好处是，你会越来越善于全面理解整个项目。你知道哪些方面可以灵活处理。对于无法调整的地方，你也能更加熟练地想出解决办法。

深入理解问题，做好前期调研，想方设法寻找所有可能的办法，第二天再作决定，留出充分的时间让你的潜意识好好思考。这样一觉醒来你会想出完美的解决办法，早饭也会吃得格外香。

——鲍比·布鲁克斯
概念架构部
创意总监

心有疑问，关机重启！

——山姆·穆迪
高新技术部
首席分析师

我们使用的工具（方法）里面，有一部分是相当简单的；它们能够行之有效，是因为我们持之以恒地使用它们。

——卢克·梅兰德
创意开发部
概念设计师

创意不是开关，不能一按下就接通。但是你可以营造出合适的环境，在那里创意开关更常被打开。

——亚历克斯·怀特
华特迪士尼幻想工程佛罗里达分部
演出设计师

我发现用纸笔写下自己的想法和点子十分重要，因为在这期间思考的过程得到了内化。然后我在写下来的东西上面圈圈点点，勾勾画画。这样可以把大脑和手联系起来，各种想法如同烟花般四处绽放。

——唐·温顿
华特迪士尼幻想工程佛罗里达分部
创意副总裁

初稿、二稿和定稿

罗恩·科林斯
创意开发部，特别服务处

传统思维过程中的手工劳动不仅可以提高手眼脑的协调性，还可以培养解决问题的能力，打造至关重要的感官词汇表。

作为一名平面设计师，我使用的工具有铅笔、马克笔、尺子、曲线板（French curve）、光桌（light table）、圆形比例尺（proportion wheel）、活字版以及像素点。尽管键盘、鼠标、扫描仪、屏幕和彩色打印机让我和客户有更多选择，但我还是坚持用双手工作。

不管任务是设计整个主题乐园、乐园版画、景点标识，还是供宾客使用的乐园地图，我都会做这个练习，以发现各种可能性并选择那些可以实施的方案。这个过程严谨而周密，一步步进行，以寻找最佳方案。你在工作中也可以试试，没准儿会有用。

通过画小幅初稿来探索各种潜在的解决方案。

上大学时，教授和我说做一个设计需要画 300 幅左右的初稿。当时我在想这是开玩笑吗？不是的！这样做是为了快速探索大量的可能性。这是个意识流的练习，点子会一个接一个地冒出来。

从这些初稿里面选出可行的方案，画出二稿。对二稿进行改进。然后再从里面选出你向客户展示的定稿。通常我都是在同一个方向中给出不同的方案，方便客户选择。

客户选定方案之日，便是瓜熟蒂落之时。这便是整个过程的最终成果。这个过程可长可短——长则可以花数个小时一步步来完成，短则可以在一个小时里快速想出解决方案。这个方法让我顺利完成各种任务。

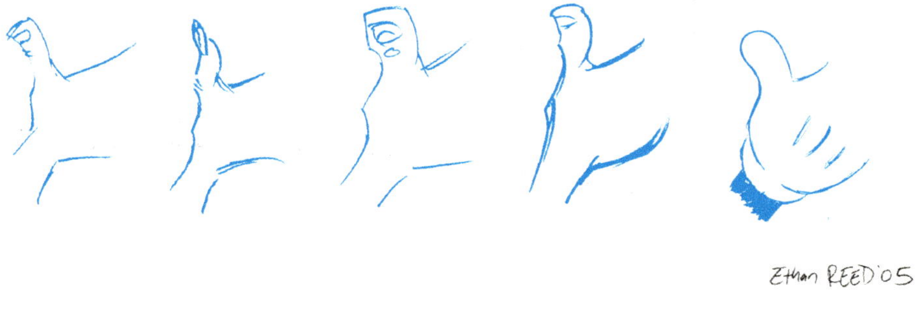

Ethan REED'05

纸偶游戏

托尼·拉米兹
科学系统部，软件工程师

以视觉为导向的人在构思点子时，习惯先在脑海中看到点子，再表达出来。

作为幻想工程的软件工程师，我学会了一个与剪纸偶相似的平面视觉技巧。借助这个技巧，我在设计新的骑乘设施或者解决现有骑乘设施出现的问题时，可以看到骑乘车辆与车辆之间、车辆与骑乘设备之间的联系。首先，我根据骑乘设施的尺寸、骑乘车辆及轨道的布局用纸剪出车辆的形状。接着我在硬纸板上简单画出轨道设置，根据感应器的位置和车身的长度，把纸车放在轨道上，然后移动车辆来模拟游乐设施的运行状况。

准备物品：剪刀、软木板、图钉、彩色美术纸和一些视觉资源（比如杂志）

先计划做什么样的纸模型。比方说你想重新给家里的车上漆，那就从杂志上找一张车的照片，剪下来。以这张照片为原型，用不同颜色的美术纸来剪出车辆的形状，看看你最喜欢什么颜色。

又比如说你想重新布置一下客厅里的家具，找一张和客厅形状相似的纸，或者用纸剪出客厅的形状，再剪一些代表家具的纸片（方形代表椅子，圆形代表圆桌，等等）。然后你可以用这些纸板不断组合，找到最佳的布置方式。这比把家具搬来搬去要省时省力，而且更有乐趣！

对于这项工作来说，有别的高科技模拟工具，比如电脑程序。但是这个平面技巧既简单又不费钱，可以直观地进行实验，想出有创意的办法。这个技巧可以在建立实体模型之前使用，实体模型可以让你从三维的角度去看纸片呈现的二维平面关系。不过实体模型更着重体现尺寸、形状和空间关系。

与人合作和实体模型

迈克·基尔伯特

游乐设施机械工程部，机械总工程师

与人合作和实体模型是实现点子的有力工具。

进行合作时，相互借鉴好点子，会形成更好的点子。通过三维的实体模型可以直观地展示点子，各方可以在这个基础上保持合作——进行沟通，作出决策，解决问题。

对于涉及立体设计的项目来说，比如主题乐园景点、家庭装修和派对策划，实体模型非常有用，因为通过它可以直观地看到项目的空间关系、尺寸大小和复杂细节。如果合作方不熟悉这样的项目时，实体模型更是必不可少的工具。在设计过程中要尽早做出实体模型。

使用物品：硬纸板、胶带、热熔胶枪和胶棒、剪刀、锉刀

先简单画一下项目的草图，确定桌面实体模型的长宽高。用硬纸板裁出相应的部件，再用热熔胶粘起来。找找有没有不对的地方，纠正过来，否则可能会耗费后续的设计时间或者施工时间。一切都弄妥了，可以开始做全尺寸的实体模型，进行细节方面的设计。然后和其他承建商进一步沟通，并针对有关人员的问题进行回答，之后再进入制作阶段。

在点子开发的关键时刻或者要作出重大改变时，使用简单快捷的模型非常有效。如果项目模型能被制作出来，那有很大机会来实现项目。

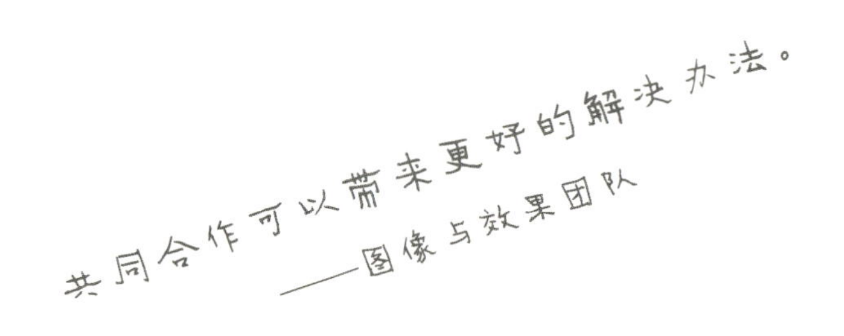

制作测试轨道，一次一颗爱心糖

保罗·贝克

游乐设施专员兼团队组长，首席软件工程师

如果你的创作素材十分复杂，不妨制作成3D模型，方便别人理解。

点子越是复杂，要理解它就需要越多的感官信息。3D模型或者是其他模型展示，对于任何领域的点子来说，都是一个强大的沟通工具。

把一个复杂的点子用三维模型表现出来，可以让思路清晰，同时又充满乐趣。例如，怎么借助水果让学生理解“分数”这个概念，怎么用细绳让画家体会透视效果，怎么用肢体语言让律师看到挑选陪审员的过程？想想还有什么情景可以用来阐述复杂概念，写下来，做出来。通过实物来表现点子，用语言文字来表述点子，二者哪个更高效？

比方说，我需要给审查员发送数百页的工程设计文档，里面包含高速运行的骑乘车辆移动、组合、分散的几千种情形。根据时刻表的安排，这些车辆开到宾客等候区，并且视宾客人数多少而开走相应的车厢。车辆穿梭往来，不同的轨道交错汇集，因此必须保证精确的交通控制，不能耽误一分一秒。还有好多急切的宾客在排队候车呢！

为了帮助审查员直观了解这些情形，我在每份文档里附赠了一个皮礼士爱心糖果礼盒（按下盒上的卡通头像，就能得到一粒糖果。糖果全部吃完还可以补充。）以及大量补充装。此外，文档里还含有一套缩小的轨道布局图，这个比例下车辆的大小恰好和皮礼士糖相当。有了这些，审查员可以模拟出实际的轨道运行状况，从而更好地测试行车计划。如果他们想“尝点甜头”，大可尽情享受，糖果有的是！

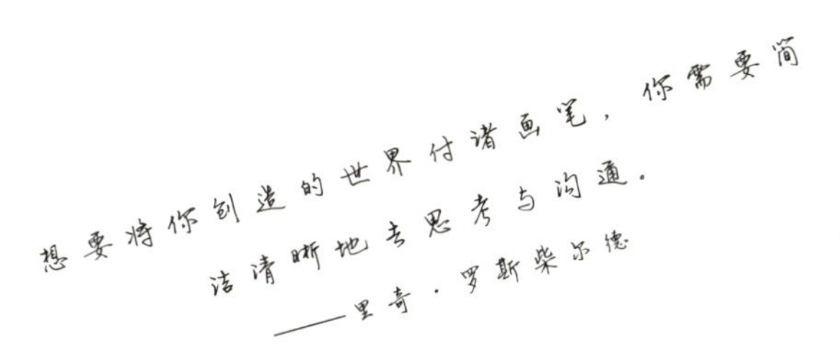

3D模型可以让所有人达成共识。有了它，合作更容易。

——史蒂夫·川村

点睛之笔

苏珊·戴恩
创意开发部，首席制作娱乐演出设计师

创意需要用上所知道的一切，需要无中生有、妙笔生花，需要好好运用各方面的信息、技能和天赋。创造力需要用上这一切，而且需要匠心独运，描出点睛之笔，完成美妙的作品。

> 清楚要什么样的成果。可以是一幅图像、一种感觉或者是一个比喻。针对想要的成果做前期调研。找到可以达到成果的视觉化方向。思考一下怎样去完成最后的结果。
> 问问自己：哪些事情可以派上用场？哪方面可能需要换个思路来进行？
> 建立假设，用样本进行验证，直到你找到可行的方案，然后带着热情去实施。

举个我自己的例子。未来世界主题乐园（EPCOT）的蒸汽弹车（Mission：SPACE）设计团队有一个项目请我来做，为乐园里约 3.6 米高的木星模型设计喷漆配色。艺术总监希望用非写实的手法进行设计，这样效果看起来更像真正的木星，而不是天文馆里头的复制品。于是我找到很多木星的照片来进行调研，发现木星表面有很多彩色气团。看起来像老版书籍里印着大理石纹路的衬页，上面各种色彩似乎在旋转翻腾。我想着怎么样才能在 3.6 米高的大圆球上做出同样的效果。结果我想出了一个方法：把圆球分成若干小块，每个小块可以视为平面；每次只给一小块地方上漆，这样就可以使用之前的大理石纹路上漆技术；把圆球按照某个角度倾斜和旋转，控制好油漆的角度，进行混合搭配；等到油漆干透后，再做下一个小块。我尝试了一下这个想法，成功了。

当你需要画出点睛之笔的时候，试试和熟知的事情联系起来。比如在给房间刷漆时，想想怎样才能做到“房间看起来就像孩子收到第一只小狗时的表情”？这样的刷漆效果绝对和简单刷漆的效果大为不同。

点睛之笔！

养成习惯

什么习惯会经常激发你的灵感？是舒服地坐在黑色皮革的大班椅里听着披头士乐队的CD，还是穿着你心爱的（而且都穿破了的）“沼泽水熊”T恤，吃着一根葡萄味的棒棒糖？你写作时习惯有截稿日期呢，还是每天固定写一个小时？你创作时是否有习惯的地方，在那里更容易找到灵感——比如地下室，浴室或者车库？著名心理学家巴普洛夫指出，习惯与灵感之间确实存在着联系——养成习惯后，我们更容易从中汲取灵感。若你想让某件事情成为习惯，那就要定期花专门的时间去做这件事情。一旦你坐在大班椅上，或者拿出一根棒棒糖，就要设定好这样做的目的。这样一来，不管你对于手头的工作是否有灵感，你的大脑和身体都会进入创作模式。

——乔迪·雷文森
迪士尼出版部
编辑

习惯属于创作环境的一部分。它可以给你提供一个避风港，免受日常压力的困扰。在这里点子会纷纷涌现。即使还没想出好点子，习惯也会提示大脑现在是“创作”时间，从而开始进行创作。

——安·钦·平琼
人力资源部
通信专员

允许自己去打造一个让自己身心放松、精神焕发的专属地方。里面应有尽有，可以让你的大脑、身体和精神都作好充分准备，去处理迫在眉睫的艺术创作难题（或者是日常的创作任务）。这可以是某个现有的具体地方，也可以是你脑子里想象出来的地方。你会定期去这个地方，享受自我或者是放纵自我，忘掉烦恼。在这里心随你动，点子会纷纷浮现。你可以享受休息时间带来的收获。

——杰森·苏雷尔
华特迪士尼幻想工程佛罗里达分部
剧作家

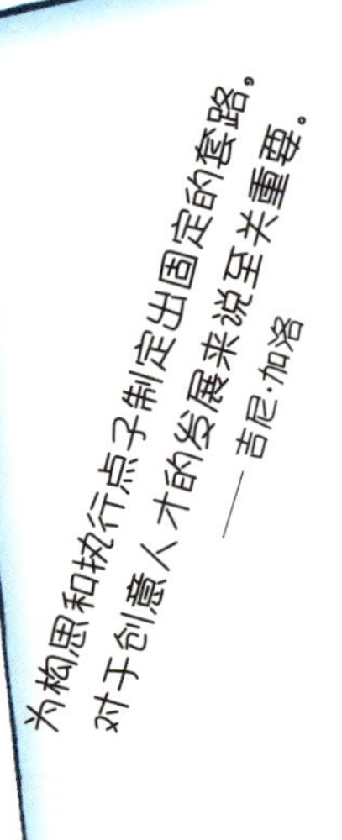

打破习惯

达埃·斯通

演出布景/游乐设施工程部，技术总监

打破习惯让我们可以绕过常规和惯例，提醒自己的认知系统和感官系统需要做点不一样的事情。对于所有创作活动来说，这都是值得去做的。

这些技巧和练习不局限于艺术创意。工程师、会计、律师和行政管理人员也需要具备创造力，从手头的普通材料中创造出独特的事情。因此，这些技巧适用于所有需要创意方案的学科和专业。

> 工作中，可以打破习惯，关注于新的或者不同的地方。列出你的习惯，想出办法打破它们。譬如，停车时不停在常用车位；换家店来买早上的醒脑咖啡，或者改成喝茶；开例会时换个座位；试着和不同的人一起吃午饭；不在自己的办公室里召集会议，换个地方；等等。观察自己和别人的反应。记下来你的思维是怎么改变的。

通过打破习惯来寻找创意解决办法，听起来有点讽刺。创意通常在习惯活动中诞生，比如洗澡时或者开车时。打破习惯则会让你知道自己的思考模式，并且让你集中精神，从而作好准备，识别出在陌生环境中诞生的创意。

在创意大道上左转

戴夫·德拉姆，戴夫·克劳福德

创意开发部，概念集成总监；演出布景/游乐设施工程部，机械总工程师

许多日常习惯都有助于我们进行创意思考和活动。

熟悉的套路可以给我们提供一定程度的稳定性、可预测性及舒适度。我们常吃的通常都是同一种三明治，开车去超市然后离开总是走同样的路。人类终归来说还是依赖习惯的。

养成一个习惯总是有原因的。习惯就是最常用的路径，你可以快速简单地从这里走到那里，而且不用费一点脑子。然而，创意就好比换一条路开车回家——这条路你不确定会走到哪里，但是必须要去探索它。

选一条你每周开车都要走几次的路，但是改用探索模式进行驾驶。找寻你的目标，并准备好看到预期之外的事物。带上笔和日记本（或者素描本）。开动车之后，在第一个路口拐弯，然后尽快停好车。观察周围的环境，选择自己感兴趣的场景进行仔细观察，用文字或者图画详尽描述。然后继续往前开，拐弯，停车，观察，描述。到达目的地后开车回去，但是不要走惯常走的路。看看你是保持在探索模式呢，还是跟随着习惯，不费脑子地开车。

许多创意路径最后才发现是死胡同。你在这次探索练习中可能也会如此。带着创意，你必须探索不同的选择才能找到适用的方案。即使找到这个方案，你还是需要继续探索，因为第一个方案通常都不是最佳方案。

成为更好的探索者，你才能学会更快速地、更轻松地、更自信地进行探索。

化截止期限为做事动力

尼尔·恩格尔

创意开发部，资深首席制作娱乐演出设计师

截止期限可以激发想象力，改变你的看法。

无论是工作中还是生活中，我们都需要和截止日期打交道。不管你是孩子学校里的文娱委员会主席，还是广告公司的平面设计师，或者是幻想工程师，截止日期都是工作的一部分。但是，不管你完成任务的时间有多少，截止期限都可以很好地激发你的想象力。要想改变你对截止日期的看法，把截止日期看成可以完成的任务而不是充满压力的不可能做到的任务，你只需把它当成项目的目标之一，每天都需要对它进行管理。

写下你一天里需要做的事情。比方说，你在家需要做好这些事：送孩子上学，做饭，看看家里哪里需要修理，孩子参加完课外活动后接他们回家。创造力帮助你做好计划，并在截止期限之前完成这些事情。

写下你的动力。比如，你希望家里的一切都能井井有条，方便家人使用。因为你觉得这样做不仅重要，而且是值得的。

选择一个截止期限，然后“重新包装”。在你的脑中，把截止期限当作另一项要完成的任务。不要过于关注它，把截止日期当成一种动力来理清想法和做好事情。

“工作会自动占满所有可用的时间”，这句话说得确实有道理。更多的时间并不意味着可以更好地完成项目。太多的时间反而会工作过度，失去重点。

截止期限可以让想象力保持活跃，让想法保持新鲜流畅。

千锤百炼

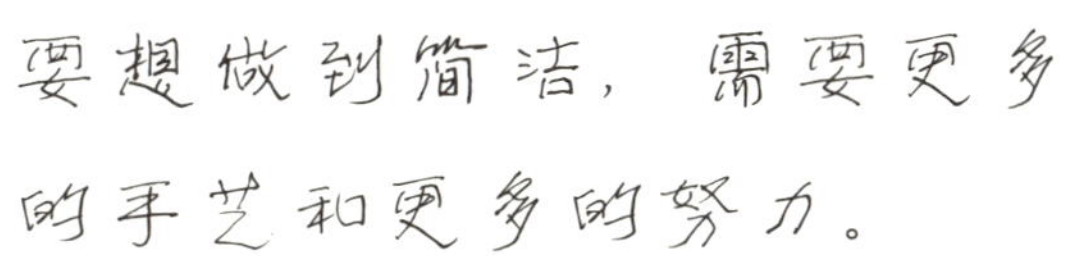

要想做到简洁，需要更多的手艺和更多的努力。

——克里斯·特纳
创意开发部
首席概念设计师

学习成功的技巧。有动力去创造新事物。

——托尼·巴克斯特
创意开发部
高级副总裁

创意不是你脑子里发生的事情，而是脑子周围发生的事情。

——鲍勃·布龙斯登
工程部
首席工程师

喝大量的咖啡，活动活动你的膀胱。压力的释放会带来好的想法！

——肯·索尔特
系统工程部
执行总监

谁是我的观众？

比尔·韦斯特
演出布景/游乐设施工程部，科学系统，资深软件工程师

有没有想过你是为谁创作——为自己，为老板，还是为别人？

为自己创作意味着当你喜欢最终成果时，任务就算完成了。为老板或者别人进行创作，意味着需要在一定的限制条件下工作。这些条件包括进度表、预算以及创作出让尽可能多的人满意的作品。在这期间务必要将观众铭记于心，因为这会让我们关注于任务的重要部分，这会激励我们做得更好，更有创意。请回答以下问题：

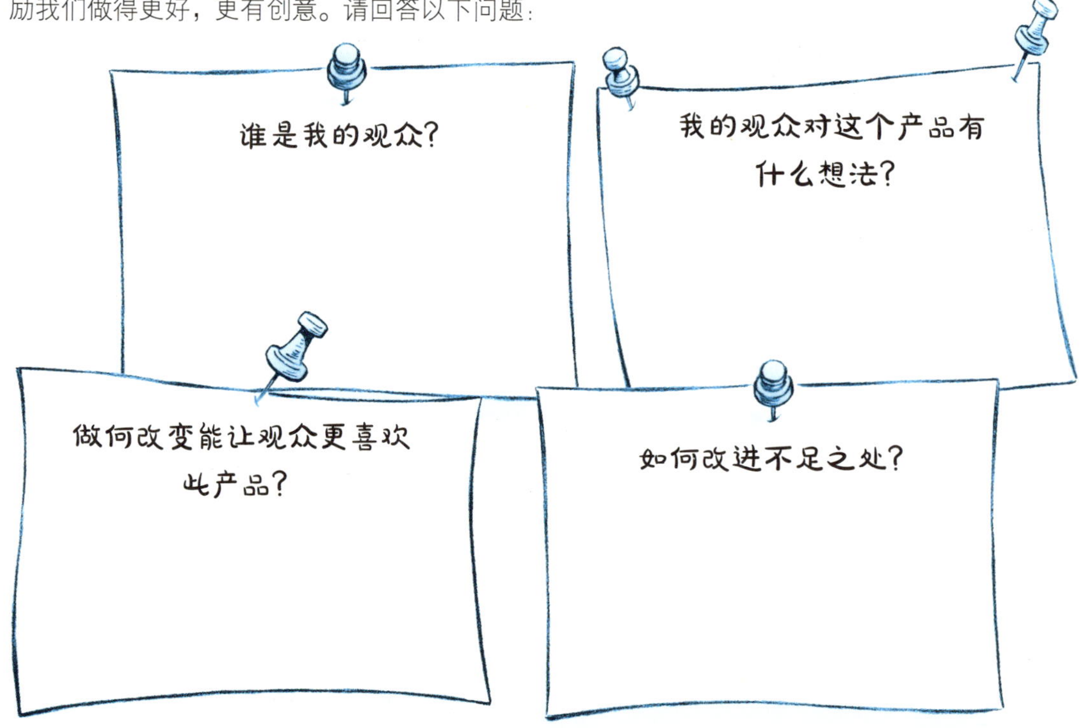

哪怕你和观众之间没有直接的联系，也要把他们铭记于心。比方说，幻想工程师通常需要写文档、画电路图以及开发软件。我们可以认为是为了老板而做这些事。但是实际上，我们是为了宾客而做这些事！做事时考虑到你的观众可以做出更好的产品。这个“更好”不仅是由他们来评价，而且最终是由你自己来评价！

超出预期

乔尼·范·布伦

全球零售店发展部，华特迪士尼幻想工程主题制作，艺术总监

做事情超出观众的预期有两种办法。

首先，做事情要符合他们的预期。在这个基础上你额外完成的事情会让他们觉得神奇而难忘。然后，你要成为他们的一员，成为一名观众。

在开展项目之前，我会和宾客、家人以及其他人——不同年纪和不同类型的人——进行交谈。我会向他们提问，问我感兴趣的问题，我想了解他们的想法和要求。然后我会换位思考，如果我是观众的话我会怎么想，我的期许是什么。我还会考虑种种特殊情况，比如坐轮椅的观众会有怎样的感受，六岁的孩子抬头仰望身边的人和物又是怎样的感受，老年人需要什么帮助，年轻的妈妈带着婴儿又会需要哪些帮助。

确定你的观众或者产品目标用户。考虑的因素包括年龄、性格、体型、语言等等。

写下所有可以与之讨论产品的人。采访他们，让他们知道你想了解他们的想法和期许。

想想你的观众或者目标用户里有没有特殊的人群。比如有没有坐轮椅的人。尝试从他们的角度去看待世界，看看他们需要什么支持和帮助。

如果你已经想出办法妥善处理他们的需求，试着再想出至少三样事情把这个项目变得更好更有趣！

如果观众或者产品目标用户的预期没有得到满足，目标就不算完成。哪怕他们喜欢现有的成果，他们依然会觉得缺了点什么东西。

转换视角

约翰·波尔克，汤姆·布伦特纳尔，杰克·吉列特，乔·古铁雷斯，加里·施努克，Mk 海利
华特迪士尼幻想工程，图像与效果团队

你需要有一个视角来着手工作，但是在一件事情上你可以想出多少个视角呢？

创意方案诞生于视角转换之时。

幻想工程的图像与效果团队负责创造出一个故事环境，这是宾客感受故事体验的关键部分。转换视角则是打造这些图像与效果的核心所在。

习惯之视角

假如一个习惯有了自己的视角，看看会发生什么。举例来说，反着穿左右两只鞋走几步，会发生什么？你觉得有什么不同了吗（除了脚趾头被挤压）？

转换视角

把某个物品——或者任何物品——颠倒过来看。把一幅画反过来看。站在桌面往下看。躺在地上朝上看。把眼睛贴近物品细细观察，然后拿得远远的——跑到房间的另一头或者更远——再进行观察。变换物品的尺寸——如果它们变得超级大或者超级小，会怎样？写字时倒着写。写下笔记，把字词剪出来，丢在地上，看看这些只言片语会组合成什么新奇句子。看书时反过来，从右往左看。

改变规则

选择你喜欢的游戏，改变它的规则。比方说，快艇骰子游戏里增加一次死亡机会的话会怎样？兵贼游戏里如果有两个“兵”的话会怎样？又或者试一下团队合作玩大富翁。在拼词游戏中，如果单词可以正反两种顺序来进行拼读的话会怎样？

创作遇到难题时运用这些视角转换法则，看看会发生什么事情。

不一样的世界

托尼·巴克斯特
创意开发部，高级副总裁

从不一样的世界出发进行思考，获取独特想法。

在迪士尼乐园的驰车天地（Autopia）里工作给我提供了一个独特的机会，可以透过汽车的眼睛来看待世界。在这里，洗车好比是我们去做温泉按摩，汽车修理店好比是医院，废车场是墓地，而自助加油站好比是我们的快餐店。我们带着这个世界观来设计故事中每一个场景。我们设计“小小世界”（it's a small world）乐园时也用了同样的办法，在这里宾客可以体验从儿童的角度去看待世界。事实证明这个办法既有趣又实用。

从以下事物中选择一个：交通方式、花草树木、房间里的家具、城市里的建筑。

想象一下从该事物的角度出发，世界是怎样呈现的。

从这个事物（或者这些事物）的角度来看待世界，赋予它们生命，看看会发生怎样的情形。写下一个可能的情形。

这项练习在进行头脑风暴时十分有用，因为它刺激我们的大脑去捕捉我们所看到的事情，分门别类进行存储，再用不同寻常的方式表达出来。

剧场游戏

扬·奥康纳
创意开发部，剧作家

提问：换一个灯泡需要几名幻想工程师？

回答：必须是换成灯泡吗？

这个玩笑让我想起之前玩剧场游戏时我确实把灯泡换成了其他东西。剧场游戏可以释放想象力，激发创意，鼓励我们去冒险。

改造物品

找到至少三个人组成一个小组。随机找一些物品放到桌上，比如一个开罐器、一盒抽纸和一只菱形花格短袜。大家轮流选择一样物品。每个人有 15 秒的时间来思考，把自己选择的物品变成三样不相关的东西。然后在小组里展示你是怎样做的。如果你是独自玩这个游戏，那就写出关于这个物品变成其他东西的三个小故事。

在为新产品进行头脑风暴时，“改造物品”是一个非常有用的技巧。

假想棒球

把小组分为两队，分配职责，确定击球手，然后开始游戏。使用假想的棒球和球棒。投手投球，击球手挥棒，大家会知道他是没打中球还是打出了一个好球。游击手把球传给一垒的时候，跑垒员出局了吗？小组也可以进行假想的排球或者双人网球比赛。这项练习旨在开发团队建设技巧。

胡言乱语

玩这个游戏的人要向搭档描述当天所发生的奇葩事情，规则是不能好好说话，只能胡言乱语。然后搭档要重新讲述整个故事。

我们的目标是变得有想象力，有创造力，还要有乐趣。

创造奇迹！

使用正能量词汇

史蒂夫·拜尔
创意开发部，资深概念设计师

本文受理查德·拉姆启发

考取心仪的大学，购买更大的房子，打造下一个顶级主题公园景点，这些都是不可能做到的事情吗？不，这些事情是可以做到的，前提是创造条件让可能发生的事情得以发生。

成就心中所想和完成不可能任务的秘诀是认识到其可能性。乐观进取的精神可以为点子的诞生披荆斩棘，而充满热情的态度则是头脑风暴会议的关键所在。

写下与化腐朽为神奇有关系的词语，贴在你一眼能看到的地方。试着在思考时用上这些词，尤其在你琢磨点子时用上它们。和朋友们交流时用上这些词！把这套语言视觉化。在开头脑风暴会议时也要把这些词放在容易看到的地方——我们很容易就在火热的讨论中忘记使用它们。

什么样的词语可以给我们带来能量，建立自信，从而让创意涌现？是那些让事情成为可能的词语：将会、能够、喜欢、热爱、做、成为、是、发生、开创、连接。

和负能量词语玩耍一番吧！做一个坏词巫术玩偶或者吸血鬼玩偶。记着，吸血鬼玩偶会吸走头脑风暴会议和酝酿点子的能量。把写着负能量词语的纸条钉在或者贴在玩偶身上。这样每当你使用这些词语时就能够意识到自己的消极做法，从而可以改用积极词汇。改变自己的语言，就能够改变最后的成果。我们使用的词语关系到自身的能量。积极词汇可以帮助我们集中注意力，从而更好地想出好的点子。我们想要达到怎样的结果，就需要使用有助于创造这个结果的语言。

有些词语会削弱甚至耗尽我们的能量，这些“坏词”对头脑风暴会议毫无帮助。这样的词语有：试图、也许、可能、应该、大概、差不多、不确定、但是。

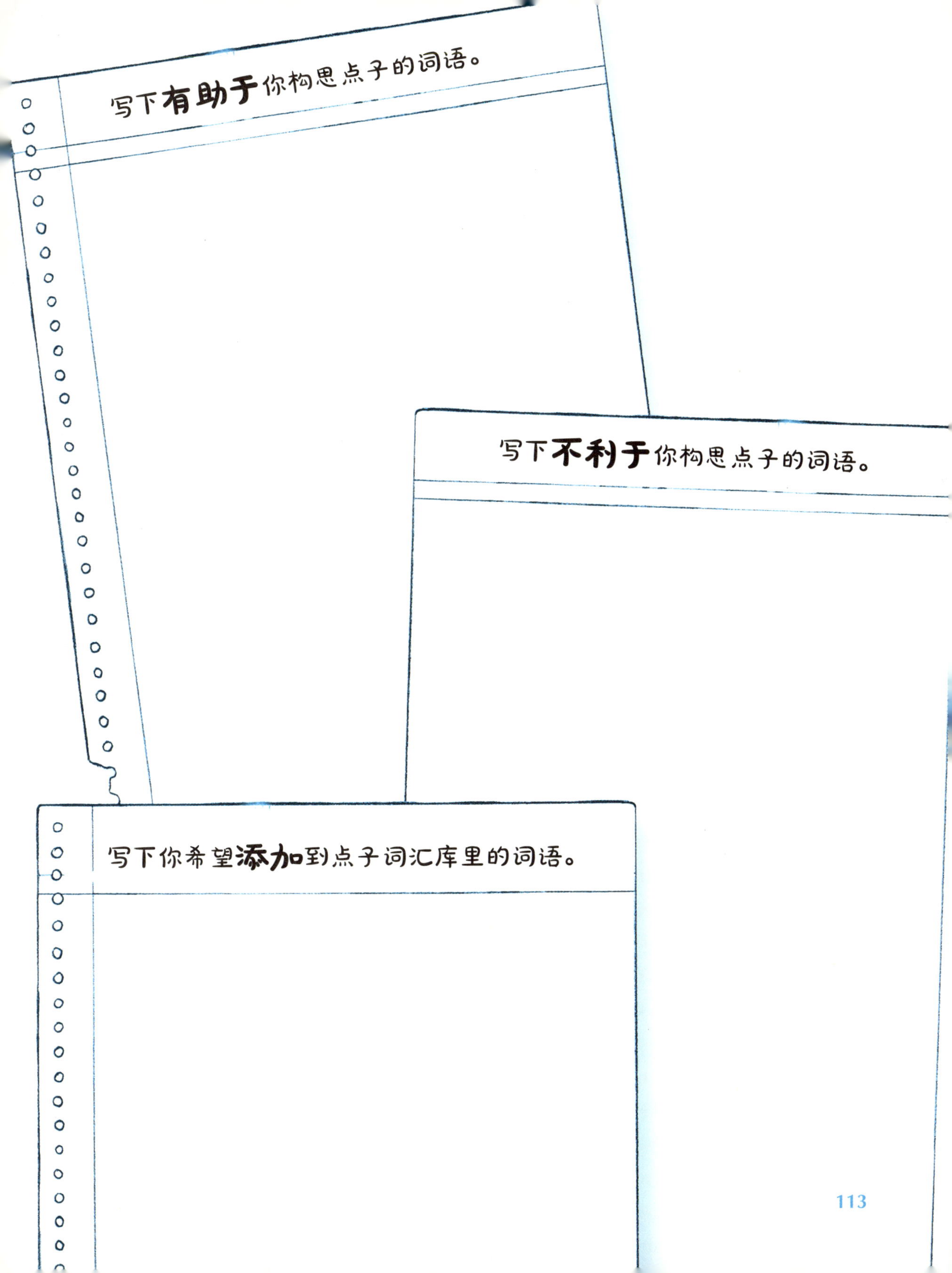
写下有助于你构思点子的词语。
写下不利于你构思点子的词语。
写下你希望添加到点子词汇库里的词语。

学习使用不同的行业语言

戴夫·克劳福德

演出布景/游乐设施工程部，机械总工程师

如果你不懂刚才说了什么，也许他们说的不是你的行业语言。

我之前看到同事们在向一屋子的天才发表演说，结果大家越听越迷糊，越听越沮丧，甚至越听越厌烦。如果讲的是过山车，那主题绝不能是过山车！因为演讲者和听众所掌握的词汇出现了断层。

借由行业语言，可以一窥使用这些语言的人的想法。行业语言是经过了多年的教育和经验发展而成的。比方说，关于工程的“技术语言”和关于创意的“描述语言”就是幻想工程里经常使用的两套截然不同的行业语言。

写下你所使用的行业语言中别人可能不懂的术语，然后用大白话进行解释。举个例子，“弹性模数”即“用力拉扯材料，看看在断裂前能够拉多长”。

用你的行业语言描述一下手头的项目，然后试着用其他人的行业语言来描述：技术语言、企业套话、广告行话，等等。如果遇到不懂的地方，向专业人员求助。

举个例子，下面是用技术语言和描述语言对游乐设施的骑乘车辆进行描述。

技术语言：车辆主体是由纤维增强复合塑料（FRP）生产，尺寸约为3米长，1.2米宽，1.2米高，符合彩板形状和颜色的要求。车辆座位分为三排，最多可载6名乘客。所有的边缘和空洞都做了转延，其余的光滑边缘半径都大于0.762毫米。所有的钢架、传动系统和转向架部件都隐藏在FRP主题和景区附加面板后方。

描述语言：车辆主体采用了旧时“黑帮”车辆的优雅线条。车身泛着神秘与危险的光芒，主体部分则赫然高呼着为狂奔而生的口号。车身有两种色调，充满光泽质感，仿佛一面黑色的镜子。车顶纯黑的暗光漆面让整车看起来充满厚重感，还带着几分邪恶，凸显了车辆侧面纷乱的子弹孔。

Chuck Ballew 2005

吓一跳，小事也能让你烦心

安妮·特里巴
首席平面设计师

本文受高级平面设计师谢艾琳启发

你有没有试过不经意间学到了教训？

敏捷的思维通常能够有创意地解决问题。项目的执行阶段总是会产生一些问题，尽管全面周密的设计可以大大减少这些问题，但也不能减少为零。

引导标识牌是平面设计工作的一部分。我们为迪士尼动物王国公园的狩猎村庄设计过许多标识牌。这些设计有着复杂的立体浅浮雕动物图案。我们当时决定把标识牌运到巴厘岛，让当地的工匠进行雕刻。他们技艺非凡，能捕捉到适合这块土地的手工雕刻风格的细微之处。完成雕刻后，原木标志牌通过航运送到华特迪士尼世界的中央商店，在那里进行最后的上色和细节绘制。但是我们发现，原木标志牌上了第一层基色后，不管再怎样精心处理，颜料还是会形成细微的气泡，而且干透以后表面不平滑。我们以为是颜料导致了这样的结果，但是经过测试，颜料没问题。我们没有慌乱，几次快速向有关专家咨询后得到了答案：巴厘岛树虫！原来之前的木材固化处理没有消灭掉里面小小的寄生虫，导致上色出问题。最后，我们把这些原木标志牌改造成铸造模具——这样就解决了让我们头疼的神秘树虫问题啦！

下面来计算你对批评的容忍度，分值为 1 到 10 分。遭到严厉批评时，如果你能保持冷静——10 分。如果你忍不住要回嘴几次——5 分（静下心来，深呼吸）。如果你怒气冲冲，夺门而出——1 分（稍事休息，深深吸一口气，从头再来）。这项练习的目的是让自己在经受严厉批评时保持冷静，利用危机的能量来锻炼自己的忍耐力。

任何项目的执行阶段都会出现状况，需要灵活快速的创意思维来进行处理。学着和一定程度的混乱或者灾害和平共处，有助于你作好准备应付类似的场合。

这两句谚语总是携手同行：（1）最后，一切都会迎刃而解。（2）在这期间，会出错的事总会出错。
——布鲁斯·戈登 创意开发部 项目总监

明白心中所想

托尼·巴克斯特
创意开发部，高级副总裁

犹豫不决会让你错失心中所想。明白自身角色＋明白心中所想＝完成一个性价比高的成功项目。

一个人可以身负多个角色：设计师或建筑工人，叙事者或听众，作曲家或演奏家，发明家或使用者，还有许许多多其他角色。你可以是其中一个或者几个角色；清楚自己的角色及责任，可以让别人也有机会去了解他们的角色。

> 把概念转化为现实的过程中，角色发生了转变。问问自己，我的角色是什么？对于自身的责任，我有多清楚？写下你的答案。时常阅读、核对自己的答案。

明白心中所想，是这个等式的另外一半。清楚每个角色，就能清楚其决定和需求。

举个例子，我参与了一个家庭翻修项目，那次经历完美地诠释了这个等式是怎样运作的。在那个项目中，我明白自己的角色是设计师。我给出了设计草图和一个小型手工模型来描述想要的效果。随后我和承建商碰面讨论费用估价。他表示因为我非常清楚想要的设计效果，所以打算给我优惠折扣，这个折扣很可观。因为设计很周密，施工时工程不会有变更，因而也省了后续的费用。承建商对我说，大部分客户形容自己想要的效果时都很笼统空泛，结果施工时不断更改方案导致产生额外的费用。

> 列清单，画设计草图，做模型来准确描述自己所要；做好前期调研，与专业人士进行讨论。不管做任何事情，不可或缺的一点就是对自己的抉择要满怀信心。从大工程（比如园林设计）到小工程（比如给家里的地板铺瓷砖），均是如此。

做好准备工作，这样你在做决策时会有充足信心。这一步简单易行，却被很多人忽略。

多样化的思维方式

史蒂夫·拜尔，乔·沃伦

创意开发部，资深概念设计师；华特迪士尼幻想工程佛罗里达分部，首席概念设计师

本文受加埃·博伊德·沃尔特斯启发

多样化的思维可以大大促进创意方案的形成。

如果希望用多样性这个标准来挑选参加创意会议的成员，那这些成员的思维方式、工作和生活经历、教育背景和沟通方式需要有很大的差异。而这些差异大部分都是外在思考者和内在思考者之间的差异。

外向型思维的特点：这种类型的思考者富有表现力；他们口若悬河，随时抛出点子，喜欢提问。当自己改变思路时会打断自己（或者别人）的话，他们随时随地都会形成自己的想法。他们需要别人对自己的想法给出回应，因此在开会时贡献颇大。只要有人在，他们就会充满能量和灵感。

对于外向型思考者来说：

- 放轻松，明白自己可以处理不同思维方式之间的差异。
- 想办法记下在会议期间没来得及表达的想法（比如记在便笺卡片或笔记本上）。
- 找到会议上能给出回应的人。
- 通过提问，邀请别人加入讨论。
- 主动帮助会议组织者来收集和张贴大家的想法。

内向型思维的特点：这种类型的思考者会先形成观点，再表达出来。他们认真聆听，开会时收集信息。他们在会上也许看起来不是很自在，通常在会后才表达自己的想法。收集好信息，问完问题，想清楚事情（通常是独自一人待在安静的地方），完成这一切后他们才会清楚地说出自己的想法和主意。他们从自己身上获取能量，通常喜欢孤身在有点吵闹的地方工作，因为这能让他们专注于手头的任务。

对于内向型思考者来说：

- 意识到自己可以处理不同思维方式之间的差异。
- 会前索取议程表或者了解要讨论的主题。
- 会前对主题做好调研，并准备好问题。
- 开会时发问，这是参与会议的最佳方式。
- 要求会上每个人都有机会来单独回应正在讨论的话题。
- 要求允许与会成员在会后再回应有关事项。

不同类型的思考者合理表达自身需求，人人皆能受益。大家互相学习，共同实现会议目标。

内向者

项目自信心

蒂姆·德莱尼
概念开发部，副总裁，执行设计师

本能直觉和全面思考有助于给你的点子和项目带来自信。

项目的每个阶段你都需要跟随自己的直觉。不过没有什么比想透事情更要紧的，这也可以测试点子和方案的可行性。提前作好全面思考，并尽早对方案进行测试，可以让你有信心完成项目。

问问自己

必不可缺的是什么？先准备好这些东西，然后开始测试。在创作过程中，测试点子和构思点子同样重要。测试阶段可以告诉你需要作出什么调整，需要或者可以增加哪些东西。

问问自己

什么情况下固守传统会导致停滞不前？什么情况下我们需要改变做事情的方法，为什么要改变？团队里有没有创新思考者可以带领着项目顺利通过开发环节，进入实施过程？

项目的每个阶段都有着不同的需求。要实现这些需求，常规方案和创新办法必须双管齐下。从制作小模型到全尺寸实体模型，到实际的施工阶段，这些需求都限制着方案的实施。需要有勇气才能把这个过程想通想透。

问问自己，需要作出哪些决定？哪些地方需要通融一下？哪些困难需要不停地去探索解决办法？这些问题都需要信心来回答。

实践越多，学习越多，发现越多，你就越有自信！

设计是很主观的事情，需要拿着纸笔进行讨论。在讨论视觉概念时，在纸上写写画画非常有帮助。
——赵永涛

挑选创意团队成员

布鲁斯·沃恩

研究开发部，副总裁

作为项目领导，你的首要任务是为每项任务挑选最合适的成员。

不管是为主题公园设计景点，还是完成家庭任务，挑选成员是通往成功的路上至关重要的一步。由于你不确定什么人适合什么样的工作，所以你需要富有创意的办法。还好，确实有这样的办法。其中之一就是动物人格法——根据每个人的性格特点来想象他或她是什么样的动物。

> 根据大家的工作习惯和性格特点，赋予每个人一种动物特征。举个例子，喜欢孤身作战而又有点挑剔的人可能有猫的特征。喜欢团队合作而对表扬夸奖有积极回应的人可能有狗的特征。想象一下什么样的动物最适合什么类型的工作任务。

比方说，乌龟沉稳平静，意志坚定，但是速度缓慢，可能更适合需要耐心和细致而相对乏味的工作。猎豹则非常适合爆发力强和具有能量的工作。猫头鹰可以帮你作出明智的决定，而犀牛需要你指明方向后才能高效地工作。

犀牛一旦开始狂奔就很难停下来！

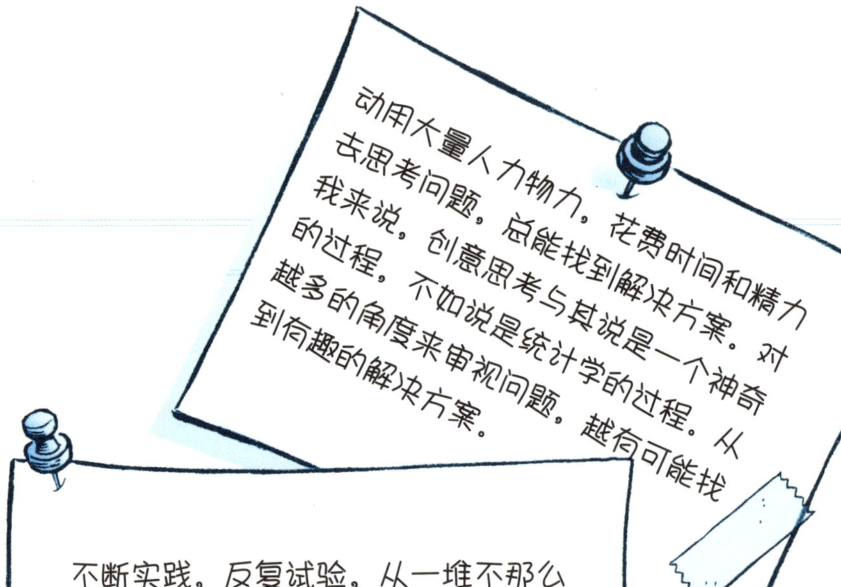

不断实践，反复试验，从一堆不那么好的点子中找出好点子。独特的点子就是这么来的。

——乔·加林顿
互动工程部
副总裁，执行制作人

太阳底下没有新鲜事，不同的只是做事的方法。这句话多少能给我们安慰——终归还是有办法的！不断去探寻解决办法吧！

——查理塔·卡特
创意开发部
区域财务部
财务经理

如果有人自视甚高，听不进去别人的意见，那就先认同他们，夸夸他们的优点。沟通时用肯定的说法，比如“我懂你的意思了”，突出他们的想法有可取之处。这样一来，大家可以心平气和地交流。因为你听取了他们的想法，他们会放开心胸去听取别人的建议和意见。

——赵永涛

处理一张写满要求的纸

迈克·莫里斯
设计与制作部，副总裁

不妨考虑一下暂时放开手中的项目，好让它恢复活力。

有创意地处理一张写满内容的纸，其难度不亚于有创意地处理一张完全空白的纸。随着临近实施阶段，创意压力会越来越大。这些压力来源于遇到的种种挑战：时间期限是重中之重；各方人员看到最终成果时难免会想要作出相应的变更；临近实施阶段，预算上的限制比其他时候更大。

有选择地避开问题可以给创意过程重新注入活力。这意味着暂时放下手中的工作，转向其他活动，换换脑子，放宽思路。一般我会选择需要创意思考的业余爱好：一个是建东西，另一个则是写东西。

> 当你在执行项目的时候，可以做以下练习。暂时放下手头工作，做点别的事情分散注意力，这样可以大幅提高工作效率。做一些需要有耐心慢慢完成的事情，比如修剪草坪或者洗碗，最好是做几个填字游戏。这些活动可以让你的步调慢下来，让你更有耐心——又或是让你精疲力尽，得到彻底放松。

当我需要写方案时，我会去阅读，但绝不读与方案有关的东西。我会读一些需要动脑而别具一格的文章，比如詹姆斯·乔伊斯（爱尔兰作家和诗人，20世纪最重要的作家之一——译者注）和托马斯·品钦（美国作家，以其晦涩复杂的后现代小说著称——译者注）的作品。这两位都是我非常喜欢的作家。读过几段他们的文字，我就会开始思考：我正在做的事情不可能有那么困难。你也可以读读完全不喜欢的作家的作品，读完之后就知道自己的作品有多棒！

> 想一下在开发和制作阶段要怎样放下手头的项目，从而可以打开一个新的视角。什么样的爱好、活动、兴趣可以帮助你获得新思路，可以让你分心一段时间，好让解决办法在心底慢慢成形？手头上有没有其他项目可以让你忙上一阵子，与此同时慢慢酝酿新的方案？

处理一张写满要求的纸是任何创意项目制作阶段都会遇到的难题。想出一套应对机制，对你、对别人、对项目来说都是有好处的。

重返绘图板

汤姆·里奇

音频工程，资深音/视频工程师

向设计与制作部规划控制经理玛拉·霍夫斯蒂致敬

你是否经常重新回到绘图板，从头开始工作？

你习惯准备后备计划吗？还是到最后关头匆忙写下临时方案，然后祈祷能顺利通过？在整个项目过程中都要考虑到这个问题。

重返绘图板总让人觉得之前作的准备不够，尤其是当你正准备大展拳脚的时候。我们要把回到绘图板当作一次振奋人心的新机会，不要在某个方案或者某项技术上面钻牛角尖。

写下什么会让你重返绘图板：截稿期限的压力、过于匆忙的结论、第一版方案出现问题，诸如此类。

思考解决办法并尝试已有的办法。很有可能会学到新东西，从而找到最佳办法。

在工作的每个阶段都和同事进行讨论。一旦想出了新点子，赶紧在大厅里或者去吃饭的路上拦下同事，这样可以及时完整地向他们表达你的创意。

通过小模型、实体模型或者实物来直观看待项目。

永远都要准备好后备计划。你不知道第一个方案会出现什么问题。如果这个方案行不通，赶紧拿出后备计划，根据你的教训进行修改。这是一个很棒的新起点。

有时候，进行团队合作就好比让幻想工程师开车环游全国。每个人都想做司机，都知道最佳路径，都知道要开多快。前进的方向却无人过问。

——玛拉·霍夫斯蒂
设计与制作部，规划与控制经理

比一张白纸更可怕的是什么？是边上摆着计时沙漏的一张白纸。

——戴夫·扬恰
东京迪士尼度假区
资深项目经理

创作过程永不停歇，只有在缺钱或者缺时间的时候才会暂停。

——奥林·夏夫利
华特迪士尼幻想工程研发公司
副总裁

有创意地处理一张写满内容的纸，其难度不亚于有创意地处理一张完全空白的纸。

——迈克·莫里斯
设计与制作部
副总裁

坚持到底

过去的已经发生。
现在的正在进行。
我们唯一可以改变的历史只有未来。
——卢克·马兰德

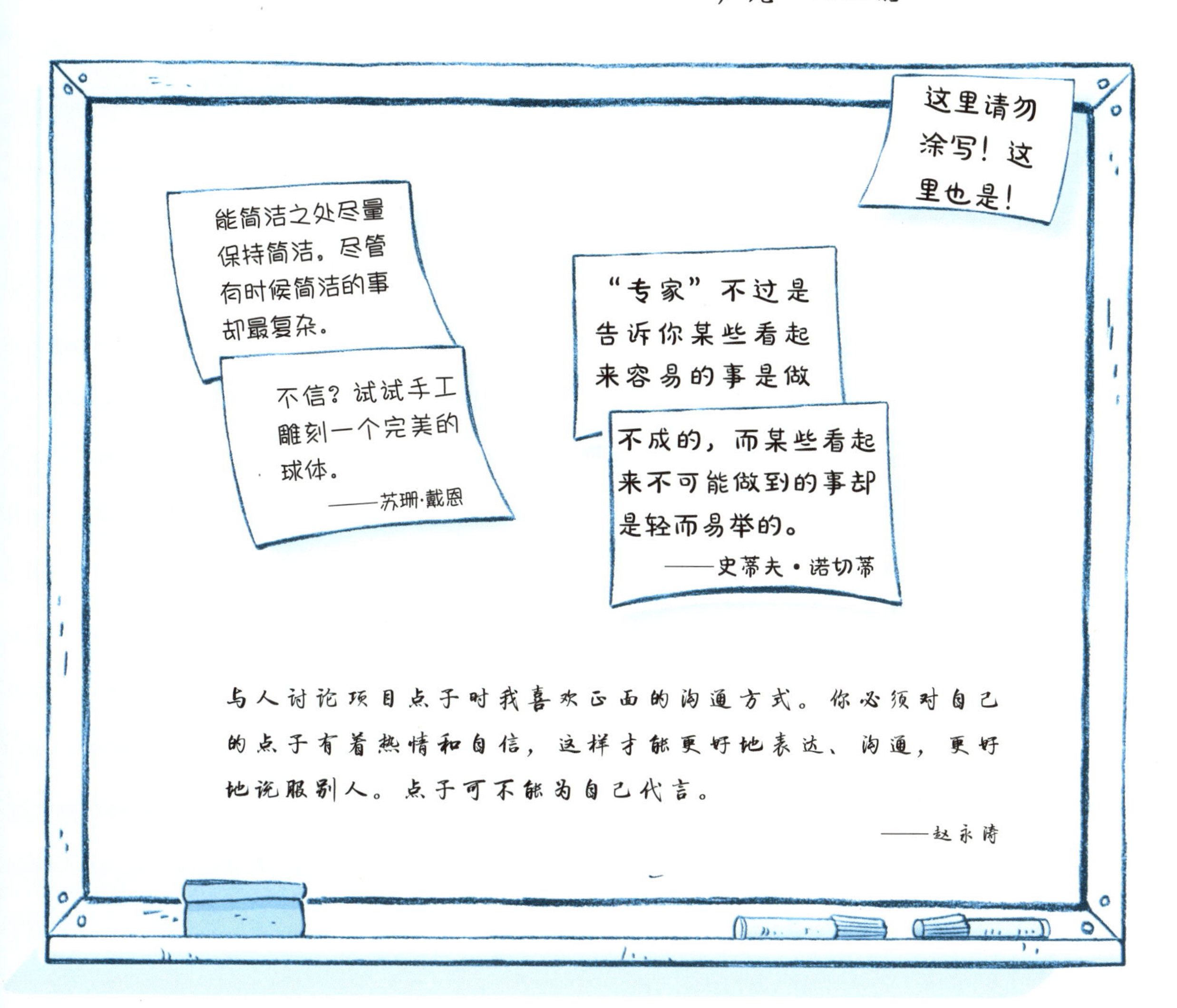

极简法则

乔·卡特
演出布景/游乐设施工程部，科学系统，资深软件工程师

追求极简的创意方案——这是最好的。

面面俱到、复杂而精巧的创意也许能打动同事，但到了实施阶段，极简的方案才是优美巧妙的。项目接近竣工时，极简方案带来的好处会凸显，因为它省时省力省材料。在大部分领域，极简的设计是最引人注目的，让人过目难忘。甚至连复杂的电子系统和软件系统也是如此。系统的用户界面越简单友好，得到的好评就越多。

高效地简化事情的办法有很多。当需要简化方案的时候，我喜欢用文字进行练习。举个例子：

如果今天发工资，那我下班后会开车回家，路过银行时我会下车，把工资存起来。但是如果发工资那天是星期四，我就会在回家路上买个比萨。如果当天不发工资，那我下班后会开车回家。如果当天不发工资，而又是星期四，那我会在回家路上买个比萨。

我会这样简化：

下班后我会开车回家。

如果当天发工资，我会开车到银行存工资。

如果那天是星期四，我会在回家路上买个比萨。

这两段话说的是同一个意思，但是明显第二个版本更加容易理解。

先回答问题，再简化一下句子。问题：在什么情况下我会早退？

如果老板不在，而我完成了工作，那么我会早退。

如果老板在，而我完成了工作，那么我会留在公司，假装很忙。

如果老板不在，而我没完成工作，那么我还是会早退。

但是如果老板在，而我还没完成工作，那么我会留在公司。

根据上面的描述，工作是否完成和我会不会早退有关系吗？

不要让好点子褪去光芒

芭芭拉·怀特曼

巴黎迪士尼乐园度假区，创意开发部，资深娱乐演出概念设计师

如果发现自己的好点子变成自己嫌弃的东西，那你可能需要故事来帮你一把。

有时候你想出一个点子，觉得这个点子好极了，其他人也喜欢这个点子。在大家的帮助下，这个点子即将成为现实。你非常激动。但是随着项目的推进，你却发现原来的好点子褪去了光芒，变成你所嫌弃的东西，多么让人失望。

在幻想工程这里发生着一件美妙的事：用故事来表达点子。团队会对故事进行讨论，确保每个人都理解它。通过讲述同一个故事，项目中的每个人都在丰富着这个故事。他们给项目带来了想法、技巧和创意。团队里的每一个人都增加了层次和细节，让最终成果超越原来的设计，变得更加优秀。故事可以让原来的点子保留光芒。

问问自己以下问题：

你的项目讲述了什么故事？

你和项目的成员（平面设计师、建筑师、规划师，等等）通过各自独特的技艺和经历，可以怎样讲述这个故事？

讲述故事时，需要哪些层次和细节？

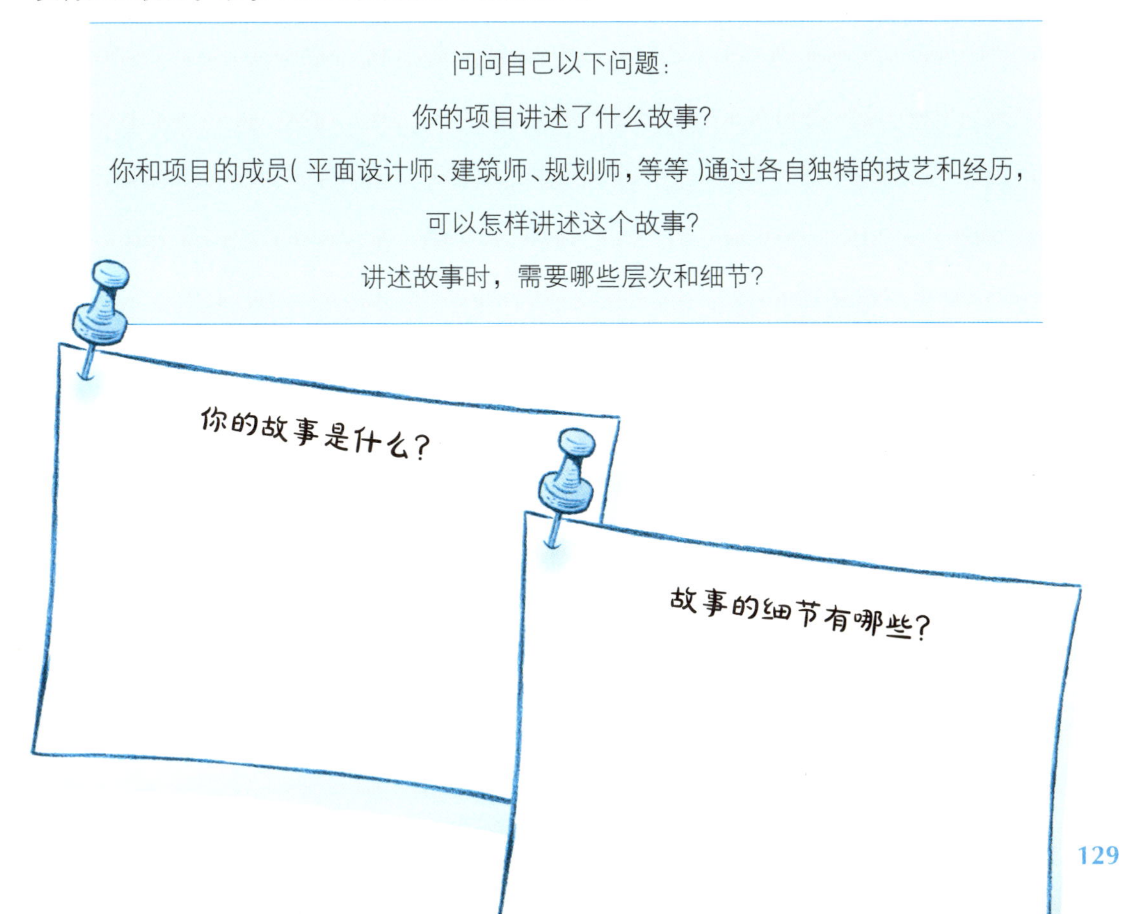

选择乐观

加里·兰德勒姆

华特迪士尼幻想工程佛罗里达分部，娱乐演出品牌部，联合制作人

态度，尤其是乐观向上、积极进取的态度，可以让你着手工作，助你渡过难关。

我们对自己的产品和人员保持着一贯的乐观精神，这是迪士尼“讲故事”技巧的奠基石。约翰·亨奇——迪士尼传奇奖获得者，幻想工程备受敬重的设计师——过去常常告诉我们，华特·迪士尼先生是一个无可救药的乐观主义者，他给团队成员带来了极具感染力的乐观精神，点燃了他们对项目的激情。

谁的成功经历能你带来极大的鼓舞？收集他们的故事，用专门的日记本记下这些故事（当你需要激励的时候，它们就是极佳的参考材料）。在日记本里写下这个人的乐观精神是怎样点燃你的激情的，你从中可以学到什么。想想你可以怎样在现有的项目中使用乐观精神，它又会怎样影响项目的成果，影响与你共事的人。

乐观和它的反义词悲观，都是能够习得的习惯性行为。哪里有完成任务的决心，哪里就有乐观精神。

乐观精神让我们着手工作，渡过难关；而恐惧、悲观、怀疑、缺乏自信则会破坏我们的目标。

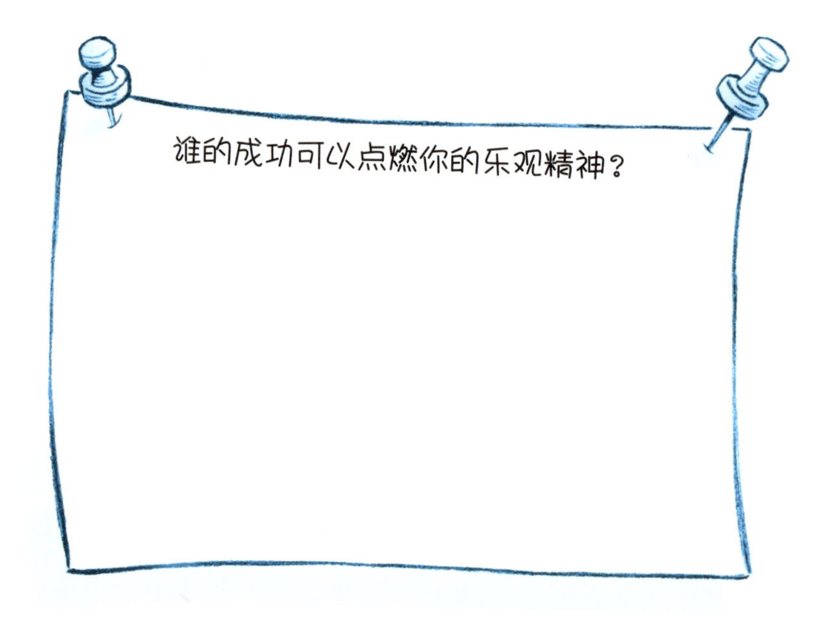

乐观：让机会之门永远打开

杰森·格兰特
创意开发部，平面设计师

在项目的每一个阶段，机会之门都有可能在你面前“嘭”的一声关上。

当机会大门关上时，你很容易就陷入自我挫败的负面情绪里。这个时候，你需要把门从铰链上拆下来。

而我是这么做的——我会去想想那些从来没有让门关上过的人，比如我的爷爷。他是一名军队中士、拳击手、赛车手、警察局长、木匠大师，还是一名渔夫！我的爷爷永不停歇，永不让恐惧占了上风，而且把自己的机会之门做成了旋转门。

回想一次大门被关上的经历，比如项目经费被大大削减，或者项目经费已经花完，所需的材料也没有了，或者计划书没有得到通过，等等。想想那些不让大门关上的人，他们是怎么做的？他们有多乐观？问问自己需要做些什么？需要什么信息？谁能帮我？你的目标是不要陷入负面情绪里，因为那会进一步降低成功的可能性。

乐观精神可以扫除那些我们以为会打败自己的障碍。

你怎样把关上的大门从铰链上拆下来？

如果撞了南墙

克里斯·罗斯
电子工程部，电子工程师

当创作陷入死胡同时，当务之急是重返正轨，让创意源泉重新流淌。带着新视角重新审视原来的问题。

准备工作：捏紧鼻子，因为你要翻查垃圾箱。最好准备一副乳胶手套。

从垃圾箱中随机挑出 5 样东西。

问问自己：这些东西可以做成什么？

通过组合搭配，是否可以做成一条狗、一辆车或者一个总统半身像？

有多少种方式来排列这些东西？

这个练习可以彻底转移你关注的焦点。把自己的创意能量用在随机的排列组合上，这样你就不再纠结于之前那个让人有挫败感（甚至是折磨人）的难题。

如果创作源泉还没开始流淌，再做一遍练习。从汽车储物箱里、书桌抽屉里甚至是急救药箱里，挑选 5 样东西。挑选要随机！组合要有趣！也可以邀请你的伴侣和孩子一起参加。

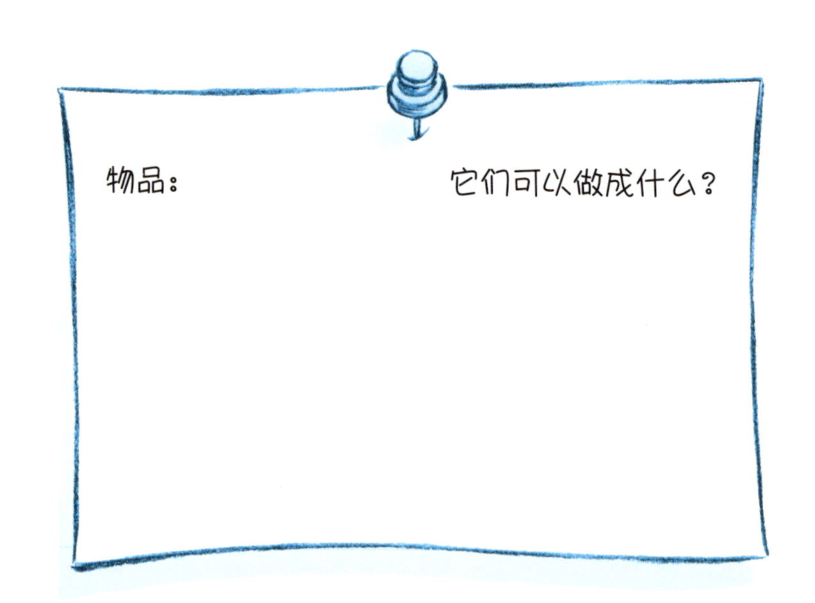

写作瓶颈

史蒂夫·川村
通信部，经理

当面临截稿日期的压力或者自身的时间问题时，搞不好你会遇上写作瓶颈。

截稿日期的迫近会让你肾上腺素上升，写作时更有爆发力。但是让点子有充足的时间慢慢孕育、成长、成熟，经过慢炖细煨，再得到别人的反馈，这样才能写出最佳的文章。

在通信部，我们花费大量时间在写作上面。有时候很难下笔写东西，或者很难持续地写下去。所以管理我们的写作瓶颈十分重要。

先下笔写点东西。不要因为没写完而折磨自己。你只需要写点东西——任何东西。

把刚才写的东西放到一边，今天或者这周（或者几分钟内）不再理它。做点别的事。

把之前写的东西拿出来修改，或者问问别人的意见。

如果有需要，重新写一个点子。

你开始这么做了，而你也有事可做了。当有时间来琢磨之前写下的内容时，你会发现潜意识可以创造奇迹。你忙别的事情的时候，比如看电影或者看杂志时，灵感就会光临。

成功取决于你扔掉了多少草稿纸。项目启动之前你尝试过多少起步工作和方法策略？把它们写下来。你有多成功呢？

——吉姆·赫夫龙
高级概念架构师

做事没有失败这么一说。彼之失败，此之成功，确实如此。作为一名灯光效果设计师，我曾经发现一个可以改变物体颜色的奇怪方法。但是，这个方法只能用于停车场晚上昏暗的黄色灯光下。当我展示这个效果时，大家都说这太糟糕了。所以我不再推广这个点子。后来我的特效设计师朋友伦纳德·伊和我说他需要一种在停车场晚上昏暗的黄色灯光下适用的变色效果。突然之间，我上一次失败的实验居然有可能解决他的难题。所以说你永远不知道什么时候失败会换个身份卷土重来。

彼之失败，此之成功，这样的事有没有发生在你或者周遭的人身上呢？收集这样的故事吧。

——马克·胡贝尔

华特迪士尼幻想工程研发部

技术制作人

所谓失败，不过是其他未知难题的解决办法。

翻看自己过去写下的尚未实现的想法，以及无奈之下只能搁置一旁的项目。万事皆有可能，你觉得这些想法和项目里有多少个是有可能实现的呢？

——乔迪·雷文森

想成为幻想工程师的人

如果我想知道一场表演是否成功，我会去独一无二的迪士尼粉丝大本营。如果表演大获成功，他们会高呼对你的赞扬。如果演出失败了，他们也会告诉你他们不喜欢的地方。

把你的项目公开，欢迎大家评价。挂在墙上，发到网上，问问大家的看法，听取有建设性的意见，可以让你的作品更进一步。听到批评意见也无所谓，你就有机会重新审视，再来一次。

——伊桑·里德

娱乐演出动画与编程部

娱乐演出动画师，设计师

成功即动力。一旦有了动力，我会拥有激情、创意、灵感和乐观精神。真正的诀窍在于激发动力。我会在项目初期设定对成功的期望，用来检查项目进度。

要在项目开始之前设定对成功的期望，并以之为标准来衡量工作进度。

——加里·兰德勒姆

华特迪士尼幻想工程佛罗里达分部

娱乐演出品牌部

联合制作人

说得斯文点，成功和失败是对表现的看法，而这个表现带有特定的价值观、奖赏及后果。但是在创作领域，成功是结果，而失败是这个结果的一个方面。创意的发展有赖于失败。

失败是成功的必备条件。二者在创作过程中并肩而行。如果你勇于尝试调整和改变，失败不会发生在你身上——当某件事行不通的时候，不过是给你增加了新的挑战而已。

写下项目中遇到的失败。看看如何调整和改变，并写下来。

——帕特里克·布伦南

华特迪士尼幻想工程佛罗里达分部

娱乐演出设计部

总监

成功和具体情况紧密相连。如果对家里的房间进行翻修之后有人愿意在里面生活和工作，这就算成功。

所以衡量项目是否成功，要基于体验项目的人的反馈。

——塞隆·斯基思

米高梅影城

演出制作人

成功不是由项目计划书来衡量，而是由项目的实际成果来衡量。

列出你已经做完的项目、需要去做的项目，还有想做的项目。把这些项目进行排序，然后按顺序完成它们。

——迈克·韦斯特

华特迪士尼幻想工程佛罗里达分部

资深演出制作人

先去做，再拖延

斯科特·德雷克
创意开发部，首席概念设计师

什么是拖延症？你真的在拖延吗？

你并没有犯拖延症，也许是在琢磨点子，也许在用不同方式思考着项目，也许在逐渐形成明确的想法，也许在等待着恰当的时机。

对于任何项目来说，最重要的一步就是开始去做。听起来很简单吧？你是怎么开始的？从哪里着手的？开始做什么？着手去做都需要做什么准备？但是这些问题都没有这个问题重要：我什么时候开始？答案是现在！

> 放下这本书，开始做事。（是的，我没开玩笑。）

等到你开始以后，欢迎回来继续阅读！问问自己：我有没有设定目标，确定任务，把脑子里想到的东西都过一遍（所谓头脑风暴），以寻找解决办法？

> 现在，放松下来，尽情拖延！（没听过这样的建议吧，对吗？我也没听过。但是经过我多年的精心设计，这个技巧已经成为一种艺术。）把项目抛诸脑后，过些时间再说。

生活的每个部分都会影响你对解决问题的看法。接收到的信息会改变你的想法；感官上的变化，比如当下的时间、压力水平、让人分心的事、心情，等等，都会对你的创意思维造成正面或负面的影响。

> 如果困在项目中止步不前，可以稍事休息，去外面走走，和朋友聊天——每个活动都会对项目成果有所影响，甚至是悄悄地影响着项目。

随身带笔。灵感可能会乍现。重新思考时，你可能会继续之前的思路，也可能推翻重来。这个想法构建的过程可以把强大的创意解决方案牢牢结合在一起，经受住时间的考验。

这个过程的秘诀就是：

给自己设定期限，无论如何也要按时完成。

拖延可以发展为恐吓！如果你一直拖延，不学习创作技巧，你可能会觉得自己达不到专业人员的标准。每想至此，我都和自己说：“不要恐惧——尽管埋头苦干。”万事皆需时间，失败未尝不可。自己失败了，或者有事行不通，那又如何？最好的事情也有可能会发生。而且很多时候，失败的后果不过是浪费一些草稿纸。所以，尽管去做吧。

——约翰·马泽拉
创意开发部
演出制作人

最佳的拖延方式就是耗到最后一分钟再采取行动。然后明天再做。

——戴夫·费舍尔

拖延，也许只是工作方式不同导致的后果。我知道有两类模型制作工人：一类是每天持续工作，模型不断成形；另一类是看起来在弄东弄西，但是一无所成——这些自然是拖延症患者了。但是他们会在截止日之前一阵忙活，很快完成模型！

——安·马尔姆隆德
创意开发部
资深演出制作人/导演

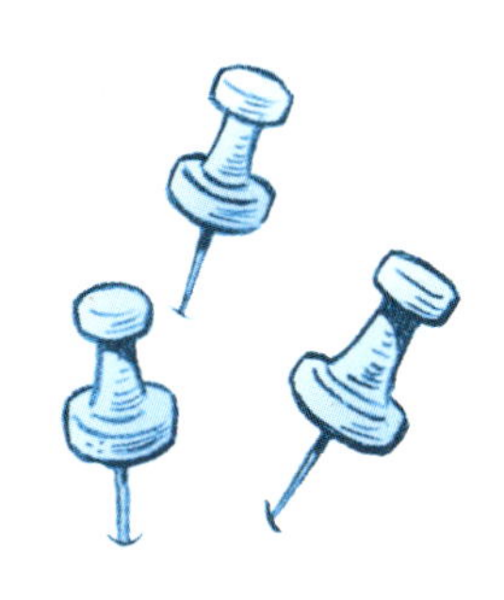

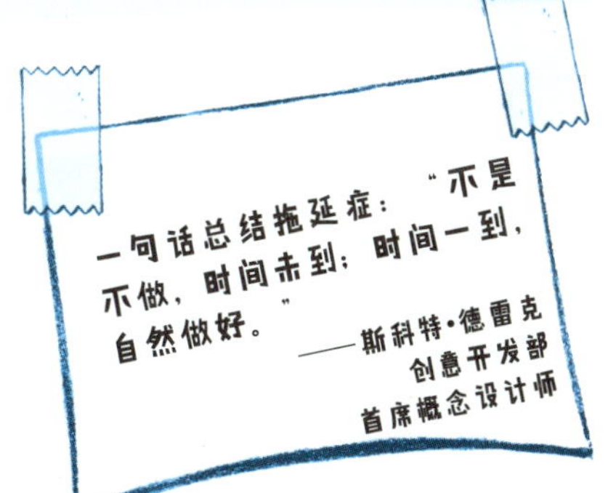

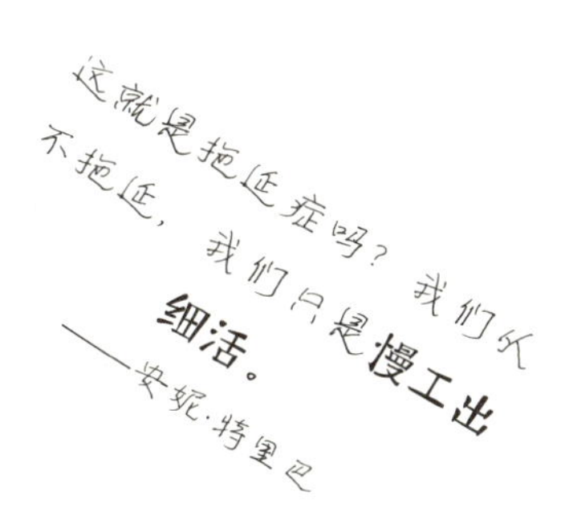

后退一步，寻求反馈

鲍勃·扎尔克
创意开发部，资深演出制作人兼导演

你是否过于关注创作本身，而忽略了目标用户或者宾客的想法？是时候后退一步寻求反馈，这将会给你的点子带来活力与养分。

反馈让点子经得住考验，尽管在创作过程中难免会遇到种种痛苦。而你将会站在你的点子旁边，因为它体现你为构思独特创意而投入的努力、才华、耐心、奉献和意志力。

当孕育点子长达数月，甚至数年之久时，你自然对这个伟大的点子了如指掌。你清楚它的每个方面——由谁来做、需要什么、哪里开始、何时实施、为什么这样做。但是你的目标用户对此一无所知，他们只知道你展示出来的东西，只能凭着这些东西来评价整个项目成果。

通过以下几种方式获取目标用户的反馈：游戏互动、实地测试、小组座谈。通过他们的反馈，你能了解他们对于你的工作的感想。多问问题。

通过获取的信息来降低风险，判断用户期望以及了解宾客的反应。

再根据这些信息调整你的产品。

用户的反馈可以让你及时知道项目的优缺点，以便作出恰当调整。

从思维定式中觉醒

安妮·特里巴

建筑专业设计工作室，首席平面设计师

本文“寻求建议”部分受到大卫·布雷斯勒博士的启发

要挣脱思维定式，需要一个练习清单。你一旦做了这些练习，将会获得灵感和受到启发。

下面介绍几个我最喜欢的觉醒练习。

自我对话：和自己对话，要直言不讳。另一个“你”可以是粗暴无礼的、聪慧过人的、傻头傻脑的、胡搅蛮缠的、离经叛道的、脾气火爆的、风趣幽默的、正直诚实的。在这场对话里，种种毫无准备的、意料之外的戏剧场面会让你重新思考目前停滞不前的状况，然后继续前行。

寻求建议：向内心的董事会寻求建议。董事会成员是你认识的人。他们会用你熟悉的声音来给出建议……所以其中一位的声音可能听起来像你妈妈哦。

新的角度：停下手头上的事情，迫使自己从新的角度来审视目前的状况、人际关系、设计布局和实例说明等。可以放在镜子面前观察镜像；也可以上下颠倒地观察。

提出问题：联系别人，进行咨询。与别人共同商讨和探究。向信得过的团队成员或者他人提出最简单直接的问题：“喏，关于这个你怎么看？”

清除障碍：构思设计方案时，在不妨碍工作的情况下（比如在业余时间）做自己的创意项目，自娱自乐。工作方案可能会有很多限制，但你对业余项目的设计需求和方案有着绝对的控制权。这是写艺术日记的一种方式，是宣泄自我的一个途径。

我的定式思维唤醒练习

灵活性与最终成果

加里·鲍威尔

图像与效果部，资深首席效果设计师

需要一个全新开始时，把精力集中在工作的最终成果上。

每当我需要一个全新开始时，我会去迪士尼主题乐园里走走，看看宾客脸上灿烂的笑容，听听他们激动的声音。看着孩子们在乐园里欢呼雀跃地冲到由我辅助设计的景点前排队，没有什么能比得上这种感觉了。这种感觉会给我的创意带来活力，提醒自己去享受所做的事，鼓励自己把生活的难题和项目的限制摆在一旁，暂时不去理睬。

如果一个项目需要全新的开始：忘记预算、计划和其他限制，这些都是限制因素；采取一种灵活的态度。

在脑海里想象想要的最终成果：为了更好地记住这个成果，可以画一幅草图，或者用句子描述，或者写一个简单的故事。

写下这个成果里的关键物品，将其作为可行计划的基础部分，并且要发挥到极致。写下你想要的所有东西，捕捉真正的创作意图。

如果是团队合作，和其他成员沟通你的想法。使用有效的沟通方法，比如在纸巾上画草图或者简笔画。主动向团队征求意见，就好像你在头脑风暴会议上做的那样。或者找一帮朋友，向他们展示你的创意。

听取并吸收反馈（记得要乐于接纳改变）。选择全新的想法，带着团队、同事和朋友的建议进一步发展这个想法。

探索其他领域，比如寻求技术帮助来进一步发展，估计你的预算，根据预算来平衡工作量，为机械或者电子方面的要求制订计划，与承建商就最终成果进行沟通，以及创建及安装项目。

如果采用全新的想法可以减少项目的限制，那就说明这个想法十分出色。

找到真正的解决方案

马克·胡贝尔
研究开发部，技术监制

解决难题是一件关乎过程、假设和学习的事情。运用这些办法来发现真正的难题，有助于找到最佳解决方案。

部门行政助理曾经因为觉得办公室太冷而发出投诉。她的工位就在办公室的中间，但是前后左右的同事都不觉得冷。肯定是存在问题的，那究竟是什么问题呢？是她的工位温度很低，还是她不如一般人耐冷呢？问她的时候，她说有时候很冷，有时候还好。你会怎么解决这样的问题？

于是一天早上我很早就来到办公室，在她的工位上放了一根点燃的香草味熏香，观察烟是怎么飘动的。我看了两个多小时，这缕讨厌的烟都是直直地往上飘。突然间空调启动了，烟就180度转弯，直往地上吹。原来她的工位恰好处于出风口的正下方，难怪会觉得冷。于是我们调整了出风口，让冷气吹向别的地方，解决了这个问题。

> 一个问题从不同角度看，会有很多解决办法。在我的故事里，有没有什么临时解决办法可以帮助到行政助理？你能想出几个办法？从长期来看，你的办法是否有效或实用？

回想一下自己怎样解决问题的，想想哪些只是临时之举，并不能真正地解决问题。如果回到过去，你会用什么方式来找到真正的问题？你从中学到了什么？

必须先找到问题所在，才能去想解决办法。在项目的每个阶段皆是如此，因为随着项目的推进，很多因素都会发生改变。

如何应对拒绝

埃里克·梅尔茨

环境设计与工程部，资深建筑工程师

你向别人推广新点子时，好评如潮。“哇！太棒了，我们超级喜欢！”结果再也没接到他们的电话。没错，你被拒绝了。

遭到拒绝让人非常难受。拒绝可以扼杀点子，但是换个角度看，拒绝也可以是对点子的磨炼。遭到拒绝后继续工作，不断改进点子，这就是对点子的磨炼。关键是要意识到，被拒绝并非是彻底否定你的创意。诀窍在于判断哪些部分直接关系到你的创意，会造成什么影响。

对推广经历进行评估

● 你对于听讲人有多少了解?

● 你觉得他们真的听懂你的点子了吗? 他们听讲时有没有走神?

● 他们上一次听到同类型的点子时，有什么反馈? 他们是否给了负面的评价? 你需要作好相应的准备。

● 他们的岗位和职责是什么? 比方说，你的计划书里有增加开销的建议，而听讲人的职责却是控制开销，二者发生冲突。

● 你能不能博取他们的好感? 如果可以，什么时候能够做到? 他们在你的点子里能感受到主人翁意识吗?

● 他们给出了什么建议? 你会同意吗?

如何应对拒绝

● 想象一下，你来到一个点子推广会议上，会议刚刚开始，而这个点子注定会大获成功。这位有远见的主讲人正在向你介绍点子，而你要想出比较委婉的方法来拒绝。假如主讲人是华特·迪士尼，是发明飞机的莱特兄弟，或者是大发明家爱迪生，你要想出尽可能多的理由来说明他们的方案行不通。

● 和刚才遭到拒绝的主讲人互换角色。你可以从中学到什么，或者你会怎样不理睬这些批评意见，继续改进想法?

● 选一个曾经被否定的点子。现在它在哪里? 得到实施了吗? 谁是负责人? 如果负责人不是你，重新审视你在这个过程中扮演的角色，看看你是否可以把工作重新开展起来。

用幻想工程的方式来应对拒绝

强化训练

花点时间
来充电！

有时候进行换位思考，你会得出不同的结论——换个角度来看待问题。

——戴夫·克劳福德
机械总工程师

项目里给我们带来压力的事情，也是帮助我们完成项目的事情。截止日期让我们有紧迫感，精神得以高度集中，从而迅速解决所有尚未了结的问题。

——斯科特·德雷克
创意开发部
首席概念设计师

不要因为过于自负而忽视常识。

——巴里·戈尔丁
电子工程制作462部
首席技术员

冥想：每天对自己的理性、自尊和工作效率进行审视。然后选择下一步行动。

想想完成项目后的巨大回报！这份高兴的能量可以让大脑恢复清醒。

——加里·鲍威尔
图像与效果部
资深首席效果设计师

打着控制风险的旗号，而陷在无须动脑且令人麻木的重复劳动中，无异于慢性自杀。

——保罗·凯·康斯托克
园林设计总监

补充创意之源

杰森·苏雷尔
华特迪士尼幻想工程佛罗里达分部，剧作家

长时间专注工作会引起疲劳，削弱我们的创作能量。

编剧和艺术家都需要一个可以随时使用的大型资源库，里面储备着各种感官材料：图像、声音、气味、感觉还有触觉。如果创意之井慢慢开始枯竭，那要出去体验外面的世界，给资源库补充资源。补充创意之源，意味着全身心都沉浸在各种各样的感官刺激里。

写下能够吸引你和启发你的事情，比如看电影、参观博物馆和画廊、重返大自然（去远足或者做园艺工作），可以的话随时随地去旅行，一有机会就阅读，等等。

写下你不熟悉的事情，做这些事情能够激发你的创意。举例来说，如果你擅长写作，不妨学习一下画画；如果你艺术造诣高超，可以考虑开发声音的潜质，练习唱歌技巧。做不熟悉的事情可以让你进入学习模式，更快地补充创意之井。

临近截止期限，哪怕是在工作中简单休息一下，也有助于创意之源的恢复。比如透过办公室的窗户眺望远方，欣赏精美的照片，或者戴着耳机听一首动听的音乐。

你最喜欢的创意之源是什么？

发明与再发明

杰克·吉列特，加里·施努克
图像与效果部，首席特效设计师；图像与效果部，首席效果设计师

你发明过什么东西吗？一旦发明过东西，很难抗拒再来一次。

如果你发明了轮子，下一个就是要发明马路。轮子最开始是被当作磨盘使用的，很久之后才用在交通工具上。为什么呢？因为没有路。后来有人发明了平坦的大路，然后就有了带轮子的交通工具。

如果你想不出点子了，加把劲，再加把劲。这样做，你可能就能为你的轮子发明出马路。

源源不绝的点子

把你完成的项目列一个清单。然后问问自己，完成任务的时候脑子里有什么点子吗？写下来。在这些点子里面，有几个被我用到其他项目中呢？写下答案。每次完成一个项目，把脑子里浮现的点子都收集起来，记录归档。这些点子可以用在以后的项目中。

重复劳动是一个发现的过程，可以加深理解。一件事即使完成了，还是可以重新温习。实际经验中可以学到很多知识，也许你会发现做同一件事的其他方式，甚至是更好的方式。

再发明

你有多少个可以重新发明的“轮子”？列出来，选一个。

问问自己：怎么做？什么点子和它有联系？

有什么有用的新技术、新材料或者新资讯吗？

从中我能学习到什么？

如果你没有可以重新发明的“轮子”，想想上一次别人说“那样行不通！我们已经试过了”的时候。你可以选择相信他们（然后不做尝试），认为他们陷入困境了（然后发牢骚），或者把这个意见当作邀请函，自己去尝试一下看看为什么行不通。你的新尝试，加上一点点运气、更精良的技术和新的资讯，也许就成功了呢！

恢复创造力：做一个孩子

塔米·加西亚
人力资源部，副总裁

表达创意之后，我们都需要恢复创造力。

我负责行政工作。一天忙碌的工作下来，我需要放松大脑，整理思路。

对于像我这样从事行政工作的人来说，玩游戏可以恢复精力和创造力。劳累一天后，简单的放空可以让我们恢复精力。和孩子们玩玩游戏，听听喜欢的 CD，或者一个人去唱卡拉 OK，都可以让疲惫的大脑恢复活力。

和孩子们玩一些简单的游戏，讲讲小故事，可以让我们沉醉于欢乐与幻想中。故事游戏特别适合我们玩，因为它们可以锻炼讲故事的能力，而这正是我们常用的沟通方式。

这个游戏可以在车里玩。规则很简单，每个人给出一个词，然后根据看到的东西，把大家给的词串联起来，讲述一个故事。举个例子，如果大家看到了鸟儿、坎昆（Cancun，墨西哥疗养观光胜地——译者注）的广告牌，以及一家冰淇淋店，用给出的词串起来的故事可能是这样的：鸟儿从坎昆飞过来，来这里吃冰淇淋。这个游戏可以一直玩下去，大家会非常欢乐，车里满是欢声笑语。

放怀和欢笑是十分重要的事。就好像做一个孩子——抛掉所有顾忌，不惧别人的眼光。当压力得到释放时，我觉得非常轻松愉快；更重要的是，我成为自己想做的那个人。

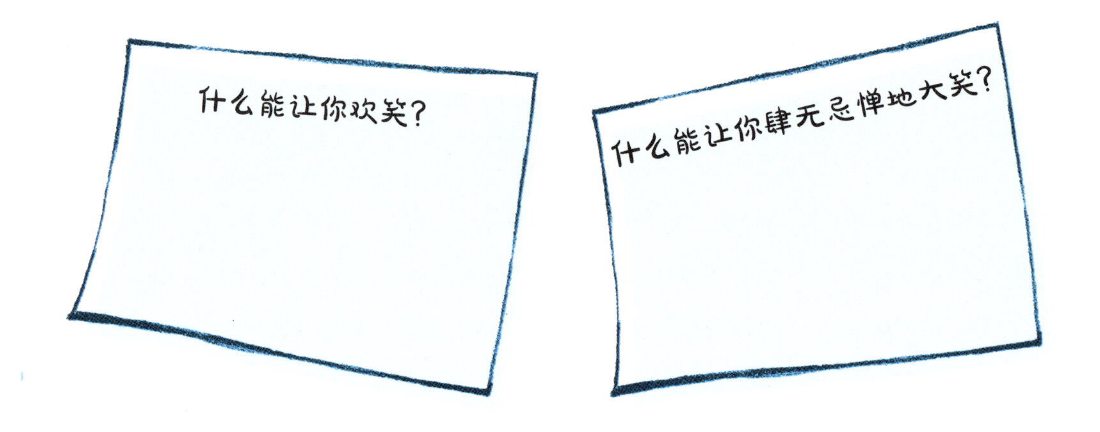

同事的鼓励可以激发创意，带来好的想法和方案。

——巴里·戈尔丁

要幽默！有一次，在堵车时，我和侄女假装自己是被困在金属装置里的外星人。我们不断提问，因为一切事物对我们来说都很陌生。尤其是悬挂在路上的彩色发光盒子（红绿灯），大家似乎都在听它们的指挥。

——伯尼·莫舍
华特迪士尼幻想工程佛罗里达分部
创意开发服务部
总监

想要精力充沛地开始新的一天？洗个热水澡吧。通常洗着洗着就会想出办法，解决困扰已久的问题。

——迈克尔·霍兰
设计与制造部
制造部负责人

要懂得适可而止！

——巴里·戈尔丁
电子工程制作462部
首席技术员

不要害怕无聊。

——汤姆·布伦特纳尔
图像与效果部
幻想工程师负责人

如果我认为这个解决办法遥不可及，那我会暂时放下问题，去我最喜爱的地方——五金店——放松放松。在那里有无穷的点子等待着被发现，因为五金店正是修理东西的好地方！

——查克·弗吕克
助理机械工程师

不要光想！给我动起来！

——苏珊·戴恩

纸盒歼灭者

斯科特·亨尼西
资深编剧 / 娱乐演出改编专员

配图：乔·兰齐塞拉，东京迪士尼乐园度假区，创意开发部，副总裁

你有没有试过遇到创作难题时听到内心有个声音在说："我永远都想不出这个问题的解决办法？"下次再发生这样的情况，你只需要简单地回答那个声音："你可能不行，但我知道其他声音可以。"下面解释一下。

我们身体里隐藏着创意社区——这是个热闹的社区。社区的居民诚实正直，乐于接收新的资讯，并将其处理成新的点子和概念。

创意社区的居民里有富有启发性的好点子先生，有随心而动的探险家"啊哈！"先生，还有大才子头脑风暴先生。每一位都是灵感大师，他们努力把"创意"留在社区里。

不幸的是，创意社区里也有成绩不好的后进生——无聊的软弱先生，平庸的刻板先生，还有枯燥的没目标先生。这群缺乏想象力的人唯一做过的事就是把"ho"拉到了"hum"旁边（hohum是乏味无聊的意思——译者注）。

出于对创造力和想象力的嫉妒，软弱先生、刻板先生和没目标先生施展浑身解数来阻挠创作。这几个傻瓜如果挨个出马，掀不起什么风浪。但是如果联手作战，他们将强大百倍，三者合一形成的毫无新意和刻板呆滞会严重阻挠好点子先生、“啊哈！”先生和头脑风暴先生的工作。傻瓜三人组最有效的攻击手段是什么？是可怕的“墨守成规(conformity)纸盒”——这个盒子会悄无声息地用空无一物的内在来压制任何改变，阻止想法的流动和发展，扼杀一切新观念。

呆瓜三人组趾高气扬地找到创意三人组，然后将“墨守成规纸盒”对着他们砸下去，困住了他们。于是乎，原本耀眼的好点子先生变得黯淡无比，“啊哈！”先生变成了“啊，谁在乎呢？”先生，而头脑风暴先生则变成了头脑糨糊先生。

这一切扰乱了创意。那几个缺乏创意的居民会拿着平庸大喇叭不断给你洗脑，“这个问题没办法解决的”，“这个问题我永远都找不到答案的”，最糟糕的一句是“我怎么会觉得自己有一丝创造力？”

不要听他们胡说！

创意社区的每一位居民都知道软弱先生、刻板先生和没目标先生时不时就会来这一套扼杀创意的说辞。所以，好点子先生、“啊哈！”先生和头脑风暴先生已经给你想出应对的办法，可以在他们受到纸盒压制的时候帮助你启动创作过程。这个办法叫作纸盒歼灭者！

我们每个人身上都有纸盒歼灭者。你每天都和其中的好多个进行对话。没错，纸盒歼灭者就是我们脑中的声音以及我们在生活中遇到的人。他们可以转变你的视角，助你打破“墨守成规纸盒”。举个例子，你还记得脑子里总是叫你去夏威夷度假的那个声音吗？问问它有没有办法应对目前的挑战。想象一下它会抛出什么点子，倾听你感兴趣的部分。（它还会用夏威夷语和你打招呼呢：Aloha！）

下一步，换换脑子，想象一下遇到的人。回想一下，哪个人曾经影响过，或者正在影响着你的生活？可能是满怀创意的哈里特阿姨，或者是初一时的科学课老师。在脑海中和他们会面，向他们请教，听听他们有什么话可说。

现在，走到房间的另一头。（或者随便溜达一下，也可以做个倒立！）记住，每次只向一个声音或者人物来寻求建议。玩得开心点！放轻松！放开自我，去倾听这些声音和回忆带来的不同视角和建议。也许回忆中的夏令营辅导员给的答案没有让你满意，也许内心的时尚声音给出的穿衣技巧不是很实用，但不要因此就放弃，继续和其他声音或人物进行对话。

他们带来的每个想法——不管是极其荒谬还是非常出色——都像一把锯子，在“墨守成规纸盒”上锯出一个洞。

到最后，你会锯出足够多的洞，救出创意三人组。好点子先生会再次闪耀光芒；“啊哈！”先生会破盒而出，吼出雷鸣般的“啊哈！”；头脑风暴先生则会掀起五级飓风，将纸盒残骸横扫一空。突然之间，犹如醍醐灌顶一般，你就想出了一个创意方案。多亏有纸盒歼灭者，你的思维不再被狭隘负面的想法限制。你可以自由地探索挖掘新点子，并将其发展扩充，最后付诸实践。

创意：余韵

做长时间的静态肌肉拉伸时，身体又痛又爽，让人忍不住轻呼出声。完成一个出色的项目后也有同样的感觉。

——安·钦·平琼
人力资源部
通信员

创意：再做一次

为什么要再做一次？因为有饼干啊！没有糖果的创意会议算什么东西？

——埃琳娜·"E"佩琪

我们忍不住再做一次，因为这对我们来说十分自然，就好像玩耍和呼吸一样。我们都追求良好感觉。项目开始时，我把项目的图画钉起来，希望获得启发和影响。我把图画钉在四周，尝试着去体验项目里的生活。项目收尾时，我把旧的图画收起来，再把新项目的图画钉上去，去体验下一个项目里的感受。

——亚历克斯·怀特

开始新项目时，我会从中找到喜欢的地方。我乐意接纳这个项目，对它充满激情，和项目融为一体。就这样，我做项目，然后再做一次。

——欧文·吉野

游戏确实没有限制。

——亚登·阿什利

创意就是我的信仰。它非常有趣！

——查克·巴柳

我为什么要再做一次？

我为什么充满创意？

致谢

佩吉·范·佩尔特

编辑

我要感谢所有不吝花费时间来参加本书头脑风暴会议的幻想工程师：帕特·比恩，黛安·宾福德，芬坦·伯克，亚历克斯·卡拉瑟斯，埃德·胡赫拉，肯·丹伯里，安东尼·J.德里斯科尔，大卫·霍夫曼，托德·马蒂亚斯，乔迪·麦克劳克林，克里斯蒂·牛顿，史蒂夫·斯施皮格尔，乔·坦克斯利和德克斯特·坦克斯利。

我要特别感谢马蒂·斯克拉给予我们支持，并参与了本书的出版工作。

我要向以下图画大师致以深深的谢意，他们赋予了本书独特的品质。他们是：拉里·尼古拉，查克·巴柳，乔·兰齐塞拉，伊桑·里德，克里斯·伦科，乔治·斯克里布纳，朱莉·斯文森，以及克里斯·特纳。

谢谢布鲁斯·戈登贡献了另一组装帧设计。

我要谢谢来自布埃纳·维斯塔数据广播公司（Buena Vista Datacast）的戴维·陈以及幻想工程师布莱恩·金、伦纳德·伊，谢谢他们与我分享看法。

我向那些用自己的知识和记忆帮助过我们的人致谢：阿尔伯塔·康特罗，凯瑟琳·弗雷德里克斯，希拉·格舍尔，马克斯·滨野，芭芭拉·赫斯廷斯，康妮·埃雷拉，桑迪·赫斯金斯，艾琳·库塔克，凯瑟琳·努涅斯，扬·圣米歇尔，格瑞瑟达·特鲁希略以及雷切尔·伊巴利。

向美术指导、艺术导演及前幻想工程师小约翰·德屈尔致谢，感谢他允许我们使用他父亲的名字——老约翰·德屈尔。

要特别感谢编辑乔迪·雷文森，做这本书正是她的主意。还要谢谢编辑部总监温蒂·莱夫肯的后续支持。

最后，还要谢谢信息服务部咨询台的同事盖尔·米切尔和赫布·吴，他们一直帮我解决电脑上的问题。

灵感来源

创意指的是生活的方方面面，不仅仅是你所做的事，
还包括你是怎么做的，以及你的世界观。
——Mk 海利

以下各位给过幻想工程师启发，并帮助他们开发创意练习，我们要向他们致以特别感谢：

大卫·布雷斯勒：博士、引导图像学院（Academy for Guided Imagery）校长、白宫补充与替代医学政策委员会（White House Commission on Complementary and Alternative Medicine Policy）前成员、加州大学洛杉矶分校疼痛控制部门（UCLA Pain Control Unit）创始人。

露西亚·卡帕基奥内：博士、管理顾问，著有《另一只手的力量》（*The Power of Your Other Hand*）。

理查德·拉姆：创意和创造性语言方面的私人和企业教练。

加埃·博伊德·沃尔特斯：千禧年咨询公司（Millennium Consulting）负责人、心理类型应用中心（Center of Applications of Psychological Type）董事会主席。

写下你的灵感来源：人物

写下你的灵感来源：书籍

达到创意平衡